植传奇

THE LEGEND OF PLANTING

山西出版传媒集团
山西教育出版社

图书在版编目（CIP）数据

种植传奇／红将编著． — 太原：山西教育出版社，
2024．12． -- ISBN 978-7-5703-4421-5

Ⅰ．S3-49

中国国家版本馆 CIP 数据核字第 2024UF2446 号

种植传奇
ZHONGZHI CHUANQI

责任编辑	姚　萱
助理编辑	卢思睿
复　　审	姚吉祥
终　　审	李梦燕
装帧设计	宋　蓓
印装监制	蔡　洁

出版发行	山西出版传媒集团·山西教育出版社
	（太原市水西门街馒头巷 7 号　电话：0351-4729801　邮编：030002）
印　　装	山西新华印业有限公司
开　　本	890 mm×1 240 mm　1/32
印　　张	5.375
字　　数	156 千字
版　　次	2024 年 12 月第 1 版　2024 年 12 月山西第 1 次印刷
书　　号	ISBN 978-7-5703-4421-5
定　　价	28.00 元

如发现印装质量问题，影响阅读，请与出版社联系调换。电话：0351-4729718

前　言

所谓"种植",就是从播种到收获的整个过程,就像《悯农》诗中所说的"春种一粒粟,秋收万颗子",播下的每一颗种子,都寄托了人们对丰收的盼望。

可以说,种植是农业最重要的组成部分,同样也是人类文明最重要的基石之一。人类只有学会了种植,才能够获得足够的食物,进而摆脱饥饿的威胁,最终建立起灿烂的文明,古埃及、古印度、古巴比伦,以及我们中国的祖先们都是如此。

从古到今,农田中种植出的粮食养育了一代代人,而种植技术也在不停进步。从远古时的刀耕火种,到先民们的靠天吃饭,再到今天的高标准农田、高科技赋能,种植技术的进步带来了更加丰富的物产。现在的我们已经不仅满足于"吃饱","吃好""营养"

"健康"成了更多人的目标。

种植是科学,也是文化,是人类文明史重要的组成部分。接下来,让我们翻开这本书,一起来了解种植的起源、发展以及未来。

目录

01　民以食为天　/1
02　五谷和杂粮　/8
03　园中菜青青　/23
04　枝头垂硕果　/36
05　千里油飘香　/55
06　舌尖有滋味　/63
07　纺线成衣衫　/72
08　名医寻良药　/82
09　巧匠有良材　/87
10　馨香尤绕梁　/94
11　"魔鬼"的诱惑　/105
12　跨万水千山　/112
13　春雨惊春清谷天　/122
14　春种一粒粟　/130
15　善事先利器　/136
16　良田何处寻　/143
17　何得粮满仓　/148
18　前路在何方　/160

01 民以食为天

◇ ....

食物，是人类最基本的需求之一，没有食物就意味着生命无法延续下去。"民以食为天"这短短的五个字承载了中国数千年来深沉而广博的文化积淀，其中的爱恨情仇、悲欢离合、生生死死……已经成为镌刻在中国人灵魂深处的印记。

神农

为了填饱肚子，先民们想尽了办法，虽然当时他们并没有把这些努力记录下来，不过我们还是可以从流传下来的传说中窥见一丝端倪。

最早的人类和其他动物一样，只能从自然界中获取食物。无论是上山捕兽下河捉鱼，还是采集野果草籽，都是非常不稳定的食物来源，一旦运气不好就可能会一无所获。

如何稳定地获取食物，这就成了当时最重要的"高科技"问题，让一代代智者殚精竭虑。传说中补天的女娲没能解决，取火的燧人氏没能解决，结网渔猎的伏羲氏没能解决，直到神农氏横空出世，才找到了解决这个问题的关键。

神农氏是"三皇"之一，也被尊称为"炎帝"，可见其重要的地位。

提到神农氏，大家首先想到的是"神农尝百草"的传说。

传说在上古时代，当时的先民们在野外采集食物，分不清可以吃的粮食和不能吃的杂草，也不知道哪些是可以治病的草药，哪些是吃了会死的毒草，很多人都因误食毒草而死。

神话中的神农天生异于常人。他有一个神奇的透明肚皮，可以看到吃下去的东西在肚子里的反应。凭借这个本事，他开始品尝世间百草，帮助人们寻找可以当饭吃的粮食和用来治病的草药。

通过品尝百草，神农找到了一种神奇的树，当他把这种树的叶子吃下去之后，就感到肚子里有东西在上下摩擦，透过他的透明肚皮可以看到，这些树叶把他的肠胃擦洗得干干净净。神农把这种神奇的植物叫作"查"，形容它们在肚子里检查擦拭的样子，后来在口口相传中这个名字被误传为"茶"，也就是今天的茶叶。

经过尝试，神农发现茶有解毒的功效，他品尝百草，经常会吃到有毒的植物，中毒之后就用茶来解毒。神农品尝过的植物的根、茎、叶、花据说有39.8万种，在其中发现了可以当作粮食的五谷，也发现了许多像茶一样可以治病的良药，为当时的人们带来了福祉。直到现在，山西太原神釜冈上还有纪念神农的鼎。

传说中，神农的死亡也跟尝百草有关。一天，神农发现了一种奇怪的藤蔓植物，上面开着黄色的小花，便采了些叶子放进嘴里品尝。谁知这是一种毒草，刚吃进肚子里就把他的肠子绞断了，神农想用茶解毒的时候已经来不及了，他在痛苦中失去了生命。

神农虽然去世，但他品尝百草获得的知识流传了下来。他让人们了解哪些植物可以吃，哪些植物可以种植，哪些植物是有毒的。

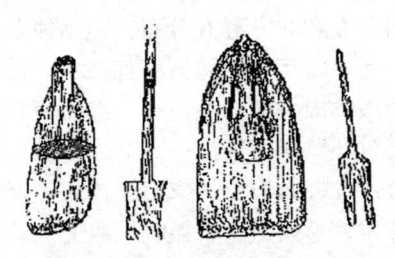

耒耜

除了品尝百草，传说中神农还教导上古先民们如何种植农作物。传说天帝派红鸟给神农氏送来农作物的种子，神农氏把这些种子种在地里，又用木头制成耒耜用来松土，还挖掘水井取水来进行灌溉。到了秋天的时候，田地里满是金黄的庄稼，收获的粮食堆满了仓库。从此，神州大地上的人们拥有了相对稳定的食物来源，不必再为了寻找食物而四处迁徙，开始定居下来形成一个个聚落，为后续的文明发展打下了坚实的基础。

为了纪念神农的恩德和功绩，人们将他奉为"三皇五帝"之一。神农同时也是"药王神"，被供奉在药王庙中。

传说归传说，现实之中肯定没有天帝派红鸟送来种子，神农氏可能也不是一个人，而是一个部落，或是几个部落的联合，这个名字代表了远古先民们战胜自然的勇气和改造自然的智慧，是无数人的勇气和智慧的结晶。先民们前赴后继、薪火相传，用了几代人、十几代人甚至更长的时间，才共同完成了这项惊天伟业。

根据现有的考古证据，一般认为中国农业种植起源于距今一万年左右的时期。主要起源区域有两个，一个是黄河流域，主要种植作物是粟和黍，一个是长江中下游地区，主要种植作物是水稻。所以，长江、黄河也被称为中华民族的母亲河，她们孕育了这个伟大的民族。

除了这两个主要的种植起源地之外，最近的考古研究还在中华大地上发现了第三个种植起源地。这个起源地分布在珠江流域，主要种植作物是以芋头为主的块茎类作物。

一万年前的中国大概已经发展到了新石器时代早期，人们开始运用石头制造更加精细的工具，从而推动了生产力的进步。这一时期的遗址在我国的南方和北方都有分布，包括河北徐水南庄头、北京门头沟东胡林、怀柔转年、江西万年仙人洞、吊桶环、湖南道县玉蟾岩、广西邕宁顶蛳山、桂林甑皮岩、柳州鲤鱼嘴、广东阳春独石仔、翁源青塘、封开黄岩洞等。

经过长期的考古发掘，历史学家们在这一时期的遗址中已经发现了农业种植的证据，为我国新石器时代农业起源及早期发展的研究提供了宝贵资料。

"神农尝百草"在中国是家喻户晓的传说，代表了先民们认识大自然的过程。

从"尝百草"开始，神州大地的先民们从浩如烟海的植物中选出能够作为食物来种植的品种，再通过一代代种植和筛选，从中选出适合种植的作物，同时从无到有发明制造出种植所用的工具，还通过口耳相传将农时、灌溉等农业经验代代相传……这种种努力，最终化作人们碗中的饱腹之粮，也成了社会向前发展的强大动力。

随着作物种植的普及，神州大地逐渐进入了农耕社会，人们开始种植稻、黍、稷、麦、菽等五谷杂粮，开始发明并运用锹、锨、镐、叉、犁等农具，开始驯化牛、马、驴等大型家畜作为畜力……中华文明开始进入了高速发展的快车道。

金字塔

在神州大地上的人们尝试通过种植农作物来填饱肚子的同一时期，世界其他地方的人们同样开始了农作物种植的进程。

和远古时期的中国一样，古埃及是世界上最早进行农业种植的地区之一。提到古埃及的种植历史，尼罗河毫无疑问是最重要的河流，没有之一。

正如长江、黄河孕育了中华文明，尼罗河孕育了古埃及文明，是古埃及文明的母亲河。从空中俯瞰，尼罗河沿岸犹如一条绿色的走廊，在广袤的撒哈拉沙漠和阿拉伯沙漠中间，孕育着勃勃生机。

尼罗河全长6670公里，是世界上最长的河流，上游分为白尼罗河和青尼罗河，分别起源于非洲中部和埃塞俄比亚高原，流经非洲东部与北部，自南向北注入地中海。

尼罗河最大的特点是会定期泛滥，每年8月左右都会迎来大洪水。泛滥的洪水会淹没两岸的土地，洪水退去后留下一层厚厚的淤泥，在尼罗河两岸形成肥沃的土壤，这为古埃及的农业发展提供了得天独厚的条件。

根据考古研究，早在公元前8000年左右，埃及人已经开始在这片尼罗河赐予的肥沃土地上进行农作物的种植。随着时间的推移，他们逐渐掌握了洪水泛滥的规律，在这片土地上收获了丰厚的物产。

古埃及种植的作物包括小麦、鹰嘴豆、扁豆等粮食作物，生菜、洋葱、大蒜等蔬菜和调味品，以及纸莎草、亚麻等经济植物。对于古埃及人来说，种植粮食是一件很容易的事情，只需要把种子撒在这片沃土上，然后就可以等待丰收了。

凭借这片肥沃的土地上出产的丰饶物产，古埃及文明迅速发展壮大起来。古埃及人创造了光辉灿烂的文化，建造了壮观的金字塔和狮身人面像。直到今天，埃及的农业仍然受惠于尼罗河的定期泛滥。

美索不达米亚平原是世界文明的发祥地之一，苏美尔、阿卡德、巴比伦、亚述、赫梯等曾经兴盛一时的古文明都是在这里诞生的。

美索不达米亚文明浮雕

"美索不达米亚"这个词来源于古希腊语,意思是"两条河之间的土地",这两条河指的是幼发拉底河和底格里斯河,所以美索不达米亚文明也被称为两河文明。和尼罗河类似,幼发拉底河和底格里斯河也会泛滥,在两岸形成适宜耕种的肥沃土地,为种植的出现和发展奠定了基础。不过和尼罗河的定期泛滥不同,这两条河的泛滥时间和规模都不稳定,经常会出现过多、过少,或者过早、过晚的情况,会对农业种植造成负面影响,并且这两条河的河水含盐量较大,需要用规模庞大的灌溉系统进行维护,否则就容易出现土地盐碱化的问题。

苏美尔人种植的粮食作物有小麦、大麦、鹰嘴豆、黍子等,他们还会种植洋葱、黄瓜、卷心菜、莴苣等蔬菜,以及小扁豆、蚕豆、豌豆等豆类作物。根据考古研究,两河流域是最早种植小麦的地区。

为了应对不定时泛滥的洪水以及维护土地免于盐碱化,他们修建了规模庞大的水利灌溉系统。即使到了今天,不少地方仍然能找到这些水利灌溉系统的遗迹。

同样属于四大文明古国之一的古印度也拥有两条母亲河,分别是印度河和恒河。古印度的先民们很早就开始种植小麦、水稻等农作物,不过这片土地上出现的最有特色的农作物应该算是棉花,古印度是最早开始种植棉花的地区。正是因为有了古印度农民们的努力,棉花才从野生杂草一跃成为重要的经济作物,成为当今世界最重要的纺织品原料之一。

穿越数千年的时光,现代的农业种植在科技进步的带动下得到了迅速的发展,农药、化肥的运用让农作物的产量稳步提高,农业机械的普及让大规模的农业生产从幻想走进现实……

从狩猎、采集到刀耕火种,再到"男耕女织",直至今天的科技种植……种植的一次次进步,既代表了人类社会生产力的进步,也代表了我们每个人日益富足的生活。

到了今天,种植这件事似乎已经成为一种"种族天赋",流淌在每一个中国人的血液里,就像是一颗生命力顽强的种子,随时可能生根发芽。

未来我们的农业种植会是什么样子?让我们一起畅想吧。

02 五谷和杂粮

人们对于农作物的最大要求就是能够用来获得填饱肚子的食物,所以最早出现的农作物几乎都是粮食作物,从刀耕火种的上古时代直到今天,"民以食为天"这句话永远都是颠扑不破的真理。

一般来说,粮食作物可以分为谷类作物、豆类作物和薯类作物三大类。

谷类作物主要包括水稻、小麦、大麦、黑麦、燕麦、玉米、高粱、粟、黍、稷等,其中绝大多数属于禾本科,它们的种子被称为"谷物",经过脱壳、磨粉等一系列加工之后就成了我们常见的米饭、馒头、面包等食物。

豆类作物都属于豆科,主要包括大豆、蚕豆、豌豆、绿豆、花生、赤豆、菜豆、豇豆、刀豆、扁豆等。豆类作物的种子含有大量的淀粉、蛋白质和脂肪,既可以用来生产植物油,也可以用来制作豆腐等富含蛋白质的食物,剩下的豆粕还可以用作饲料。现在我们吃的猪、牛、鸡、鸭等家禽家畜有很多都是用豆粕养大的。

薯类作物的种类比较复杂,常见的有土豆、红薯、山药、芋头等。基本上我们可以认为,只要是长在地下,收获的时候需要从土里刨出来的都可以算是薯类作物。(花生不算,它是豆类作物的一种)薯类作物的特点是产量高,而且营养更加均衡,不过目前来说只有少数地区将其作为主粮，大多数地区都是将其作为配菜、杂粮甚至是零食。

水稻

提起粮食，大概很多人第一个想到的就是香喷喷的大米饭。不过如果问："大米是从哪里来的？"恐怕不少人就搞不清楚了。水稻的种子收获之后叫作稻谷，经过脱壳、研磨等一系列加工，再加水蒸熟或者煮熟，就成了我们常吃的大米饭了。除了常见的白色大米，还有紫色、红色、棕色、黑色等颜色的大米，混在一起五彩斑斓，煞是好看。

除了直接做成米饭吃，水稻还可以磨成粉，进而加工成多种产品，比如桂林米粉、汉中米皮等。

水稻在世界上的种植范围非常广，各个大洲都有种植水稻的区域，全世界大约有一半的人口以水稻作为主要的粮食来源，因此它是最重要的粮食作物之一。

中国是世界上最早驯化、种植水稻的国家。根据考古研究，早在5000多年前，生活在这片土地上的先民们就已经开始种植水稻了。在黄河流域、长江流域的新石器时代遗址中，考古学家发现了稻谷壳和炭化稻谷，是当时人们已经开始种植水稻的直接证据。

到了3000多年前的殷商时期，水稻已经成为重要的农作物之一。在河南安阳殷墟出土的甲骨文中出现了关于占卜稻谷丰收歉收的记录，可见当时的统治阶级对于水稻种植的重视。

大概在唐朝时，水稻从中国传到朝鲜、日本，随后传到世界各地，成为当地重要的农业作物。经过品种筛选和改良，还出现了旱稻，拓展了水稻的种植区域。

古人对水稻充满了感情，有不少跟水稻相关的诗词流传下来，无论是"稻花香里说丰年，听取蛙声一片""稻米流脂粟米白，公私仓廪俱丰实"的丰收喜悦，还是"何况江头鱼米贱，红脍黄橙香稻饭""紫衣操鼎置客前，巾韝稻饭随粱饘"的美食芬芳，又或者是"沃野收红稻，长江钓白鱼""千里稻花应秀色，五更桐叶最佳音"的悠然美景，都是水稻给中国文化留下的鲜活印记。

对于中国人来说，提到水稻很难不联想到杂交水稻，以及被称为"中国杂交水稻之父"的袁隆平。杂交水稻技术通过对不同品种的水稻进行杂交育种，可以极大地提升水稻的产量。经过袁隆平及其他科学家们的多年努力，现在杂交水稻的亩产量达到了令人惊叹的1530.76公斤。这个惊人的记录于2020年11月2日出现在湖南省衡阳市衡南县清竹村。可以说，杂交水稻对中国人民能够吃饱、吃好起到了关键作用，是保证国家粮食安全的重要基石之一。

小麦

和水稻一样，小麦是现今世界上最重要的粮食作物之一，也是人类最早驯化、种植的粮食作物之一。研究发现，小麦的种植历史能够追溯到约一万年以前。

位于中亚的两河流域是最早种植小麦的区域。早在公元前7000年左右，两河流域的苏美尔人、巴比伦人等两河居民已经开始大量种植小麦。随着文明之间的冲突、交流，小麦开始向整个世界扩散。大约公元前5000年，现在希腊和西班牙所在的地区已经有人开始种植小麦。约公元前3000年，小麦来到了古印度，成为这里重要的粮食作物，并在同一时期传入中国。在河南殷墟遗址中，考古学家发现了大量的小麦，并且在甲骨文中找到了"麦"字，可见当时小麦已经成为神州大地上种植的粮食作物之一。

在扩散过程中，小麦不断与当地原生植物进行杂交，经过不同地区的人们一代一代筛选，小麦的产量逐渐提高，成为种植范围最广的粮食作物之一。到了近代，随着现代化育种技术的兴起，以及工业化种植的推广，小麦的产量有了极大提高，成为养活全球日益增加的人口不可或缺的重要粮食作物。

最早的时候，小麦的吃法是直接火烤或者水煮，这样"烹饪"出来的小麦味道一般，只是能填饱肚子，完全算不上美味。大约在战国末期，当时的人们发明了石转盘磨，可以将小麦磨成面粉。

面粉可以说是完美的食材，不但保存时间长、营养丰富，而且具有很强的可塑性，人们可以把它做成馒头、烙饼、面条、包子、面包、水饺、凉皮、辣条……无论是做成主食还是做成零食都很美味。

传说诸葛亮平定南中之后班师回朝，来到泸水边，忽然阴云密布狂风大作，当地人说是苍神作乱，需要用四十九颗人头及黑牛白羊拜祭才能免灾。诸葛亮不忍杀人，就让人用面粉加水和成面团，然后捏成人头的形状，蒸熟后用来拜祭苍神，很快便风平浪静，大军得以顺利渡河。后来这种面食流传开来，被人们称为"馒头"。

在《水浒传》中，武大郎赖以谋生的职业是卖炊饼。关于这个"炊饼"到底是什么，有许多不同的说法，有人认为是蒸饼，有人认为是馒头，还有人认为是烧饼，众说纷纭。不过可以确定的是，"炊饼"肯定是一种用面粉做成的吃食，可见在当时面食已经成为被大众广泛接受的食物。

到了今天，小麦制成的面粉仍然是中国最重要的主粮之一，在我们的生活中占据着重要的地位。

玉米和水稻、小麦一样是世界上最重要的粮食作物之一。玉米的学名叫作"玉蜀黍",属于禾本科玉蜀黍属,是一种高大的草本植物,果实呈短棒状,上面整齐地排列着一排排种子,因此在有的地方也被叫作"棒子"。

玉米

和在神州大地上繁衍了数千年的水稻、小麦不同,玉米来到中国的时间要晚得多。大概在16世纪,也就是明朝期间,玉米才传入中国。

玉米的原产地是南美洲,当地人种植玉米的历史非常悠久。根据考古研究发现的证据,早在3500多年前,美洲的人们就已经开始种植玉米,并以这种高产农作物为基础建立起了包括玛雅、阿兹特克等在内的灿烂文明。在这些文明中,玉米占据了非常重要的位置,甚至产生了"玉米崇拜",可以说是"民以食为天"的美洲版本。因为玉米对于美洲文明实在太过重要,当地居民将其当作神来崇拜,在考古发掘中曾经发现过"玉米神"的神像。

玛雅人的历法以太阳的位置和玉蜀黍的种植收获为依据,将一年划分为9个节气,并且会在玉米成熟的日子里举办盛大的欢庆活动,他们把这一天称为"成熟节",大概在每年的8月2日。在收获玉米之后,玛雅人围着大堆的玉米进行庆祝,并举行仪式祭祀神明,这样的欢庆活动要持续一个月,直到玉米全部收获完毕才会结束。

在1492年11月哥伦布的船队抵达了美洲大陆,并在回程时将玉米的种子带回了西班牙,随后欧洲诸国开始了对美洲大陆以及其他地区的征服和殖民,也就是所谓的"大航海时代"。在这个过程中,玉米随着往来的商船扩散到了全世界,世界各地逐渐开始种植玉米。

明朝中期,玉米通过陆上、海上的商贸传入中国,传入途径可能有两条,一条由印度经西藏传入四川,另一条则是由海路传入东南沿海地区,再传至内地各省。关于玉米最早的记载出现在明朝嘉靖三十四年的《巩县志》,在该书中玉米被称为"玉麦"。嘉靖三十九年的《平凉府志》也曾经提到过玉米,将其称作"番麦"和"西天麦"。到了明朝末年,玉米已经传遍了神州大地,在许多地方的地方志中都有种植玉米的记载。

经过多年的传播及育种,玉米已经形成了许多不同的品种,有的适合直接煮熟食用,有的主要用来磨成玉米粉,还有的在果实成熟之前就被收割用作饲料。

需要注意的是,现代的玉米是一种高度驯化的作物,它的生存和繁衍完全依赖于人类。从生物学上看,玉米的果穗是一种不利于繁衍的畸变,虽然能产生大量的种子,却不具备散布其种子的方法。在自然条件下,掉落地上的果穗会产生一丛过分密集的幼苗,幼苗之间在有限的空间里争夺土壤中的水分和营养,最终的结果是全都不能正常生长,更别说结果了。因此,现代玉米只有经过人的收获、脱粒和播种,才能繁衍下去。

在墨西哥等美洲国家,人们将玉米做成玉米饼等美食。在中国,松仁玉米是饭店里常见的一道菜。在电影院边看电影边吃爆米花,也是一件十分惬意的事情。

水稻、小麦和玉米是世界上种植最广泛、产量最大的主粮作物,除了它们之外,世界各地还有许多不同种类的粮食作物,为人类的生存繁衍做出贡献。

说到中国历史上最重要的粮食作物,毫无疑问是粟和黍。

粟在植物分类学上属于禾本科的狗尾草属,和我们常见的狗尾草是亲戚,是我们的祖先从狗尾草中一代代筛选出来的。脱壳以后的粟就是我们常见的小米,色泽金黄,可以用来熬小米粥,也可以蒸小米饭。

"春种一粒粟，秋收万颗子"是唐代诗人李绅所写的《悯农》中的一句，这句诗用粟指代了所有的农作物，而宋代赵恒《劝学诗》中的"书中自有千钟粟"更是将粟作为俸禄的代名词。关于粟的诗句数不胜数，由此可见粟在中国历史、文化中的重要地位。

粟的种植历史非常久远，考古学家们在位于北京西部山区的东胡林遗址中就发现了炭化粟粒，经过碳14法测定，这些炭化粟粒来自9000至11000年前。这些炭化粟粒在形态上已经具备了栽培粟的基本特征，不过比起后来大量种植的粟要小得多，应该是先民们从狗尾草向栽培粟过渡的中间产物，也就是现在栽培粟的"老祖宗"。

黍也叫作稷、糜子，在植物分类上属禾本科的黍属，种子的颗粒比起粟要大一些，颜色也要淡一些，脱壳之后被称为黄米，可以磨成面作为糕饼的原料，也可以用来熬粥或者蒸饭。

"故人具鸡黍，邀我至田家"，孟浩然这首流传千古的名诗《过故人庄》里就提到了黍这种粮食。每当读及这句诗，炖鸡、黄米饭的香气仿佛透过了千年时光，在我们身边飘荡。

根据考古研究，开始种植黍的时间比开始种植粟的时间要晚一些，大概在距今8000年前。在内蒙古赤峰敖汉旗兴隆沟遗址、河北武安磁山遗址、河南新郑裴李岗遗址和沙窝李遗址、山东济南月庄遗址、甘肃秦安大地湾遗址等多处遗址中都发现过黍和粟的痕迹。

虽然今天的中国人很少以小米、黄米作为主食，大都将其作为调剂用的杂粮，但是在古代，它们可是不折不扣的主粮，承担着"供养天下"的重任。

关于黍，有一个非常著名的故事。

传说唐朝开元年间，一个叫卢生的少年在一家旅舍中遇到了一个名叫吕翁的道士，两人相谈甚欢。卢生感叹自己生不逢时，生活窘迫，吕翁就拿出一个瓷枕让他睡下，此时店里正在蒸着黄米饭。卢生枕着瓷枕睡着，梦到自己回到了家中，几个月后娶了一个美丽又富裕的女人为妻，接着考上了进士，在官场上几经沉浮，一直做到了当朝宰相。卢生多次请求告老辞官，皇上却一直不同意。八十岁时，卢生因病离开了人世。当他再次睁开眼时，发现自己竟然还在旅舍里，吕翁仍然坐在他旁边，此时店家的黄米饭还在火上蒸着。

这个故事名为"黄粱一梦"，也叫作"黄粱美梦"或者"一梦黄粱"，出自唐代沈既济的《枕中记》，原文是"卢生欠伸而悟，见其身方偃于邸舍，吕翁坐其傍，主人蒸黍未熟，触类如故"。这里的"黄粱"指的是黍，也就是黄米，并不是什么黄色的高粱或者所谓的黄粱米。

高粱同样是一种重要的粮食作物，在中国南北方各地都有种植。在饥荒时期，高粱米是人们重要的口粮。不过随着生活水平的提高，口感比较粗糙的高粱渐渐从我们的餐桌上消失了。

中国人种植高粱的历史非常久远，考古研究发现早在5000多年前神州大地上就已经有高粱种植。关于中国高粱的起源有两种说法，一种认为是中国原产，一种认为是从非洲传入。

与水稻、小麦、粟等主粮作物相比，高粱的口感并不太好，所以一般不会作为主粮去大量种植，不过高粱有一个特点，非常耐旱，只需要很少的水就能够生长成熟，所以在过去农业技术不太发达的时候，农民常常会专门留出一块地种植高粱，就是为了遭遇旱灾的时候可以保证收获基本的口粮。

比起食用，高粱的另外一个用途更为人们所熟知，那就是酿酒。事实上，目前种植的高粱大多数都被用来酿酒。莫言的小说《红高粱》里面就讲到了用高粱酿酒的场景。中国各地很多白酒都是用高粱作为主要材料酿造出来的，所以我们在餐桌上还是可以看到高粱的，只不过它换了一种形式出现。

大豆也叫作黄豆，同样是重要的粮食作物之一，在世界范围内都有种植。中国是最早种植大豆的国家，早在5000多年前就已经有了种植大豆的记录。根据考古研究得到的证据，中国大豆起源于云贵高原一带，随后扩散到全国，目前黑龙江地区是中国大豆的主要产区。

古时候大豆被称作"菽"，这个字也是所有豆类的总称，是五谷之一。在汉代司马迁撰写的史学著作《史记·五帝本纪》写道："炎帝欲侵陵诸侯，诸侯咸归轩辕。轩辕乃修德振兵，治五气，艺五种，抚万民，度四方。"东汉末年的经学家郑玄注释："五种，黍稷菽麦稻也。"根据这个记载，轩辕黄帝时中国人已经开始种植菽，也就是各种豆类。根据考古发掘发现的证据，神州大地实际开始种植豆类的时间可能要更早。

《战国策·韩策》记载，"张仪为秦连横说韩王曰：'韩地险恶，山居，五谷所生，非麦而豆；民之所食，大抵豆饭藿羹'"。可见当时韩人吃的主要粮食就是豆饭。由于当时的技术有限，大豆基本上都是直接煮熟食用，吃多了肚子容易胀气，所以当时的权贵们出于礼仪的需求是基本不吃的，只有普通百姓为了生活才会吃。

世界各国栽培的大豆都是直接或间接从中国传播出去的。19世纪初，大豆从中国传入美国，随后逐渐成为美洲重要的种植作物。

大豆的营养非常丰富，富含蛋白质和油脂，具有极高的营养价值，有"田中之肉""绿色的牛乳"等称号，受到营养学家的推崇。

还没成熟的时候，黄豆就已经可以食用了。将未成熟的黄豆豆荚摘下加入调料水煮，称为毛豆，在中国很多地方都是常见的佐酒佳肴。

成熟的大豆用途更加广泛。在国际上，大豆可以用来榨取豆油，榨油剩下的残渣称为豆粕，是优质的饲料，是大规模养殖业重要的饲料来源。

在中国，大豆被开发出了更多的用途，其中最重要的就是制作成豆腐。豆腐含有丰富的植物蛋白，有"植物肉"的称号，在普通人很难吃到肉的年代，为人们补充营养起到了重要的作用。

制作豆腐的过程可以说是神奇无比：首先将大豆用水泡过之后再进行研磨，可以得到白色的豆浆，然后将少量的卤水或者石膏水加入豆浆，随着豆浆中的蛋白质分子凝结在一起，就出现了豆花，再经过过滤、压实，最终得到了洁白如玉、香滑软弹的豆腐。所谓"卤水点豆腐，一物降一物"，讲的就是这个过程。

豆腐可以做成麻婆豆腐、白菜炖豆腐、豆腐汤等多种菜肴，还可以加工成豆腐皮、豆腐干、臭豆腐等产品，是中华美食宝库中不可或缺的重要组成部分。

大多数粮食发芽之后就没法食用了，大豆却是例外。用水浸泡发芽的豆子称为豆芽，是一种美味可口的蔬菜，无论是醋溜还是清炒都很合适，也可以加入其他菜里作为配菜。

说起豆芽，除了黄豆芽，常见的还有绿豆芽。两者相比，绿豆芽的口感更加鲜嫩，黄豆芽则多了一份爽脆，至于哪种豆芽更好吃，就是一件见仁见智的事情了。

顾名思义，绿豆芽就是发芽的绿豆。绿豆也是一种重要的豆类作物，种子比大豆小一些，成熟之后的种子表皮仍然是绿色。

绿豆起源于中国，在古代也是菽的一种。据考证，绿豆在中国已经有超过2000年的种植历史，《齐民要术》中就有关于种植绿豆的记载。目前绿豆的分布十分广泛，不但中国各地都种植绿豆，世界上也有许多国家在种植绿豆。

绿豆具有很强的适应性，在砂土、山地、黑土、粘土等土地上均可生长，由于根部有能够固氮的根瘤菌，所以种植绿豆还有改良土壤、增加土地肥力的作用，是重要的肥地作物。不过因为绿豆容易受到害虫及疾病的袭扰，同一块土地连续种植绿豆会产生严重的病虫害，并且有害微生物也会大量繁衍，影响根瘤菌的生长，所以绿豆常与其他作物进行间作，比如玉米、高粱、棉花、甘薯、芝麻、谷子等作物都可以与绿豆间作，一般两批绿豆的种植间隙约为两年至三年。

相比大豆，绿豆的含油量不高，基本上不会用来榨油，现在一般是作为粗粮食用。中医认为绿豆"性甘、寒、无毒"，是清热解毒、消暑利水的佳品。在炎炎夏日，一碗清凉的绿豆汤让人心旷神怡。绿豆还可以磨成粉，做成绿豆糕、绿豆饼、绿豆沙等零食，既可以解馋又对身体有益。

和大豆、绿豆一样，鹰嘴豆同样属于豆科，这种豆类最大的特点是种子的表面有一个尖尖的凸起，如同鹰嘴一般。

虽然鹰嘴豆在中国并不常见，甚至有很多人都没听说过这种豆类，但是在地中海周边地区它却是重要的粮食作物之一。早在5000

多年前的两河文明时期,当时的苏美尔人就已经开始种植鹰嘴豆了,随后大约在公元前 2000 年左右,尼罗河流域的古埃及文明也开始种植鹰嘴豆。

鹰嘴豆的种子具有很高的营养价值,富含蛋白质、碳水化合物和膳食纤维,脂肪含量比较低,吃起来有些像板栗,一般是和小麦一起磨成面粉,用来制作各种食物。

除了大豆、花生和鹰嘴豆,豆科植物里还有许多都是重要的粮食作物,比如红豆、黑豆、豇豆、蚕豆等,这些豆类作物的种植区域不算很大,数量不算很多,不过它们各具特色,为我们的餐桌增添了许多风味和调剂。

土豆虽然也叫作"豆",不过跟豆类作物没有任何关系,在植物分类学上,土豆属于管状花目茄科茄属龙葵亚属,学名叫作马铃薯,也有的地方叫作洋芋、地豆、地蛋。

在自然界中,土豆是一种多年生的草本植物,不过人们种植土豆一般是一年一熟,有些地方甚至能达到一年两熟。在粮食作物中,土豆的地位仅次于水稻、小麦和玉米,是世界上重要的粮食作物之一。近年来,中国土豆的种植面积约 4500 万亩,居世界第一位。相比于小麦、水稻,土豆的亩产量要高得多,而且容易种植,对土地的要求不高,可以在更冷、海拔更高、坡度更陡、更干旱、更贫瘠、有盐碱的土地上生长,而且不像玉米一样害怕鸟类偷食和野兽攻击。土豆的营养价值非常高,并且在适宜条件下可以存储很长时间,是一种优秀的粮食作物。

土豆原产于美洲安第斯山脉和智利沿海山地区域,当地的印第安人很早就开始种植土豆,并将其作为主要食物。哥伦布抵达美洲大陆之后,后续的探险家和殖民者很快发现了土豆的存在,随后西班牙人将土豆带回了欧洲,接着土豆逐渐传播到整个世界。

不过最初土豆并不是作为食物被种植的,在发现土豆之后的很长一段时间里,欧洲人都把土豆作为一种观赏植物进行种植,包括法国王后在内的贵妇人把土豆戴在头上作为装饰,这在当时的法国被视为时髦、高贵的象征。

欧洲人什么时候开始吃土豆已经很难考证,不过最早吃土豆的瑞典人却是有据可查的。他的名字叫阿尔斯特鲁玛，他在瑞典大力推广土豆的种植并且规范了瑞典语中土豆的叫法，为了纪念他的功绩，瑞典人给他建造了塑像，这座塑像直到今天仍然竖立在瑞典的哥德堡。

大约在明朝中后期，土豆从国外传入中国，随后逐渐成为中国重要的粮食作物。

关于土豆传入中国的途径，目前仍然没有定论，众说纷纭。有人认为是荷兰人将土豆带到了台湾，随后跨过台湾海峡传播到福建、广东一带，因此土豆在这一带也被称为荷兰薯；也有人认为是山西的商人在与俄罗斯或者哈萨克商人进行贸易时，将土豆引入了中国，因为山西的气候适宜土豆生长，所以土豆迅速被大规模种植，当地人将土豆称为山药蛋；还有人认为是与东南亚爪哇进行贸易的商人将土豆引入广东、广西一带，这些地方的土豆被叫作爪哇薯。这几条路径都可能是土豆进入中国的途径，也有可能是在差不多的时间从不同路径分别引入的。

在清朝，土豆已经得到了广泛的种植，凭借其高产、抗旱、抗病虫害的特性养活了大量的人口。清朝的人口在康熙年间大约是两千万，到道光年间超过四亿，土豆的大量种植在其中起到了非常重要的作用。

土豆的食用方法非常简单，只需要用水煮熟或者用火烤熟就可以食用，条件有限的时候甚至可以直接生吃。西方人一般会将土豆切开油炸，做成金黄酥脆的薯条、薯格、薯角，或者煮熟做成土豆泥，而当代的中国人更喜欢把土豆作为一种蔬菜食用，醋溜土豆丝、土豆烧牛肉、地三鲜等都是中国人餐桌上常见的菜肴。不过需要注意的是，土豆一旦发芽或者变绿就不能食用了，因为发芽、变绿的土豆会生成一种叫作龙葵碱的毒素，食用之后会出现眩晕、呕吐的症状，严重时甚至会引起死亡。

除了直接食用，土豆还是食品工业重要的原材料，可以用来生产淀粉，进一步加工成粉皮、粉丝、粉条等产品。

从外观来看，红薯和土豆类似，都是生长在地下的块状根茎类作物，所以很多人都不知道它们有什么不同。其实红薯和土豆根本是两种完全不同的植物，两者之间没有任何"亲戚"关系。

在植物分类学上，土豆属于管状花目茄科，而红薯属于旋花科番薯属，学名就叫作番薯，别称地瓜、甜薯、红苕、甘薯、番芋等。我们吃的红薯是生长在地下的块根，而土豆则是生长在地下的块茎，如果仔细观察就会发现，红薯表面并没有土豆上常见的芽眼。

红薯和土豆一样原产于美洲，在现今的秘鲁、厄瓜多尔、墨西哥等国广泛种植。哥伦布抵达美洲之后发现了当地人种植的红薯，并在回程时将其带回了欧洲，随后红薯逐渐扩散到全世界。

大约在明朝万历年间，红薯从东南亚传入了中国。传说中，把红薯带回中国的是福建福州的商人陈振龙。

万历年间，陈振龙出海经商，带着商队来到西班牙人控制的菲律宾，在这里第一次吃到了红薯，立刻被红薯独特的清甜香气和令人满足的饱腹感吸引了。随后陈振龙了解到红薯这种作物不但味道绝佳，而且耐干旱、易移栽、产量高，便决定无论如何都要将这种神奇的作物带回家乡种植。

当时驻扎在菲律宾的西班牙殖民者制定了严苛的法律，禁止将红薯携带出境，并在各个口岸严格检查。为了将红薯带出口岸，陈振龙将红薯藤编织在船上的缆绳中，最终有惊无险地离开了菲律宾，将红薯成功地带到了中国。回到故乡的陈振龙找到了当时的福建巡抚金学曾，请求在福建省推广种植红薯。在金学曾的支持下，红薯很快就在福建境内推广开来，并逐渐扩散到全国，为当时饱受天灾之苦的人们能够填饱肚子做出了重要贡献。为了纪念陈振龙和金学曾引入和推广红薯的功绩，当地人在福州乌石山上为他们建了一座"先薯亭"。

随着时间的推移，红薯的种植区域遍布中国大江南北，成为各个地区重要的粮食作物，帮助人们度过了许多饥荒岁月。近些年来，随着人们生活水平的日益提高，红薯逐渐失去了在餐桌上的主粮的地位，变成了调剂口味的杂粮。

红薯的吃法有很多，其中最广为人知的应该是烤红薯。在冬日的凛冽寒风中，手中捧起一个刚出炉的烤红薯，把脸埋进蒸腾的热气中，一口咬下去肚子里就像是升起了一团暖烘烘的火，呼啸的北风好像也变得不那么冷了。

除了直接食用，红薯还可以用来酿酒，或者和土豆一样用来提取淀粉，是食品工业重要的原材料之一。除了地下根，红薯的茎、叶也可以食用，还可以作为畜牧业的优良饲料。

在中国历史上，芋头曾经也是重要的粮食作物。中国是芋头的发源地之一，考古研究发现，早在新石器时代，珠江三角洲区域已经开始种植芋头。

芋头

司马迁所著的《史记》中就有关于芋头的记载："岷山之下，野有蹲鸱，至死不饥。"注云："芋也。盖芋魁之状若鸱之蹲坐故也。"《氾胜之书》上记载了种植芋头的方法。

芋头是一种多年生草本植物，植物分类学上属于天南星科芋属。除了富含淀粉的块茎可以作为主粮食用之外，芋头的叶柄、叶片也可以食用，可以说没有不能吃的部分，而且存储起来非常容易，所以在古代中国，芋头是一种重要的救荒作物，帮助许多人安全度过了粮食欠收的灾年。

关于用芋头度过荒年的事情，历史上有很多记载。唐末五代时期王仁裕编写的《玉堂闲话》中有这样的记载："阁皂山一寺僧，甚专力种芋，岁收极多。杵之如泥，造埑为墙。后遇大饥，独此寺四十余僧食芋埑以度凶岁。"说的就是将芋头捣碎做成墙存储起来，用来度过荒年。笔者小时候曾经看过一个关于用芋头度过灾年的故事，说的是一对年轻的小夫妻种芋头获得了丰收，吃芋头的时候把皮扔在水沟里冲走，邻居的老大爷看不过两人的浪费，偷偷把两人扔掉的芋头皮捞起来，晾干洗净之后码起来。经过日积月累，码起来的芋头皮成了一堵墙。后来遇到灾年，田里颗粒无收，小夫妻没有了收成，不得不去老大爷家里借粮，老大爷的田地也没有收成，不过却很镇定，让小夫妻把芋头皮墙拆了，靠着这堵墙，三人安然度过了灾年。

时间到了现在，随着农业生产的进步和仓储、物流体系的完善，"饥荒"这个词已经逐渐淡出了我们的视野，芋头也逐渐失去了作为救荒作物的地位，成为餐桌上偶尔出现的调剂品，不过在世界上某些地方还将其作为主食。

近些年，随着地球人口数量的飞速膨胀，粮食安全问题越来越受到各方面的重视。为了保证"米袋子"的安全，我们在提高现有主粮作物产量的同时，还需要开发更多、更高产的主粮作物，用来喂饱越来越多的人口。

毕竟，"民以食为天"这句话，永远不会过时。

03 园中菜青青

有了足够的粮食作物,人们不至于饿肚子了,能够"吃饱"之后,如何"吃好"就成了一个迫切需要解决的问题。《黄帝内经·素问》中有"五谷为养,五果为助,五畜为益,五菜为充,气味合而服之,以补精益气"的说法,代表了当时的人们对于"吃好"的追求和探索。

蔬菜对人类来说非常重要,可以为人们提供主食中缺乏的维生素、膳食纤维等人体必需的营养物质,让我们的身体更健康。如果食物中长时间缺少蔬菜,身体会因为缺乏维生素而不适,甚至可能生病。

人类种植蔬菜的历史非常悠久,根据考古研究,新石器时代的先民们已经开始种植蔬菜,在半坡遗址中就曾经出土了装着蔬菜种子的陶罐。传说中神农尝百草的时候,就已经发现了许多可以食用的野菜和野果,人们将这些野菜的种子收集起来进行种植。通过一代代的筛选、改良,经过几百、数千年岁月的洗礼,才最终有了我们现在所见到的各种蔬菜。

古籍中有许多关于蔬菜的记载,《诗经》中有"八月断壶"的句子,其中的"壶"就是"瓠",指的是葫芦,由此可见,在《诗经》成书的先秦时期,人们已经在种植葫芦了。

古代的蔬菜和我们现在所见到的蔬菜有很大的不同，有许多当时常见的蔬菜现在已经从我们的餐桌上消失了。

春秋战国时期，当时的人们把常吃的蔬菜称为"五蔬"，分别是葵、藿、薤、葱、韭。

葵与现在我们常见的向日葵没有任何关系，指的是葵菜。葵菜的学名叫作冬葵，也被称作冬寒菜、冬苋菜、滑菜等。

在中国，葵菜拥有悠久的种植历史，西周时期就已经得到了广泛的种植，《诗经》中有"七月烹葵及菽"的记载，可见当时葵菜已经是人们日常食用的蔬菜了。

葵菜种植对土地、温度、光照的要求不高，种植起来非常容易，甚至在某些地方的冬季也能够生长，所以在当时广受欢迎，全国各地开始大量种植。到了汉代，葵菜已经出现在整个神州大地，成为当时人们最重要的食用蔬菜，甚至出现了专门为大户人家种植葵菜的园夫。北魏贾思勰的《齐民要术》中曾经提到，一年里葵可以种三次。

随后很长一段时间，葵菜都是中国的"蔬菜之王"，为中国人提供了丰富的营养。

到了明朝之后，随着国外的蔬菜传入中国，以及农业技术的进步，葵菜的地位渐渐被其他蔬菜取代，种植葵菜的人越来越少。葵菜"失宠"的主要原因是它口感较差，当人们有了更好的选择之后，被淘汰就成了必然。明朝的医学家李时珍曾经这样记录："葵菜，古人种为常食，今种之者颇鲜。"可见当时已经很少有人种植葵菜了。

到了现在，中国还有一些地方在种植葵菜，不过已经不是国内的主流蔬菜，在很多地方甚至沦为只能在田间、山野中找到的野菜，一代"蔬菜之王"风光不再。

藿指的是豆类的嫩叶，当时的人们将豆叶作为蔬菜食用。《诗经》中有"皎皎白驹，食我场藿"的诗句，古代的百科全书《广雅》中有"豆角谓之荚，其叶谓之藿"的记载。藿的口感比较粗糙，吃起来不够鲜美，所以有身份的贵族是不吃这样粗陋的食物的，只有下层的平民才会吃，所以古代也用"食藿者"来指代平民。

随着人们生产技术的进步和生活水平的提高,藿渐渐被其他蔬菜代替,淡出了人们的餐桌,一般被当作牲畜饲料,不过同样是豆类生成的豆芽却因为独特的鲜脆口感和丰富的营养,一直受到人们的喜爱,直到今天仍然在餐桌上牢牢占据了一席之地。

薤与"谢"同音,也叫作藠头,有的地方叫作野蒜、野韭,在植物分类学上属于百合科葱属,是一种多年生的鳞茎植物。

根据考古研究,中国的先民们从商周时期就开始种植和食用薤,薤在古代曾经是人们经常食用的蔬菜之一。有一首名为《薤露》的挽歌,从汉代传唱至唐朝,内容只有四句:"薤上露,何易晞,露晞明朝更复落,人死一去何时归?"

由于薤的生长周期长、产量有限,而且对气候要求较高,其种植范围逐渐缩小,现在只在中国南方地区还有小范围的种植,很多北方人一辈子都没见过这种蔬菜。

薤的鳞茎及嫩叶均可食用,可以炒菜,也可以直接煮熟食用。鳞茎白净透明、皮软肉糯、脆嫩无渣、香气浓郁,可以用醋渍、盐渍、蜜渍等方法加工成腌菜。由于薤的产量少,食用价值高,在国内一直被列入高档蔬菜之列,素有"菜中灵芝"的美誉。近年来随着国际贸易的发展,武汉、南昌等地相继建立了薤生产基地,将其罐头出口到日本等地区,为出口创汇做出了贡献。

葱和薤一样属于百合科葱属,是大家都很熟悉的一种蔬菜,俗语中有"小葱拌豆腐,一清二白"的说法。

葱具有独特的辛辣味道,一般作为调味品加入饭菜中。传说神农尝百草的时候发现了葱,对它的味道极为喜爱,每次吃饭的时候都要加入葱提味,后人因此给葱起了"和事草"的雅号。

直到现在,葱仍然是餐桌上的常客,做菜的时候抓上一把翠绿的葱花,美味鲜香和赏心悦目达到了完美的结合。济南市的章丘区盛产大葱,是"大葱之乡",这里每年都会举办大葱评选活动,选出当年最高的"葱王",其中第五届"葱王"的高度达到了惊人的2.18米。

韭指的就是韭菜,同样属于百合科葱属,所以也带有一些辛辣的味道。韭菜原产于中国，具有悠久的种植历史，《诗经》中就有"四之日献羔祭韭"的记载，《礼记》中也说"庶人春荐韭"，唐代的著名诗人杜甫在《赠卫八处士》一诗中写道："夜雨剪春韭，新炊间黄粱。"可见当时韭菜在人们的饮食中已经占据了一席之地。

韭菜最大的特点就是生命力顽强，叶子被割掉之后还会重新长出来，可以一茬一茬地收获很多次，冬天地面上的茎叶枯死，地下的根部进入休眠，到了第二年春天会重新开始生长，所以韭菜只需要播种一次就可以收获好几年。除了叶子之外，韭菜的花可以制作成韭花酱，有些种类的韭菜根茎也可以食用。

说到中国人的家常菜，很多人第一个想到的都是韭菜炒鸡蛋，韭菜特有的辛香味加上鸡蛋的鲜美，是许多人美好的童年回忆。韭菜还经常被做成包子、饺子、馅饼的馅料，受到人们的广泛欢迎。

除了叶类蔬菜，古人们食谱上的蔬菜还包括瓜类，其中种植最普遍的是瓠瓜。

瓠瓜是一种藤蔓植物，在植物分类学上属于葫芦科葫芦属，在有些地方也叫作瓠子。中国种植瓠瓜的历史非常久远，可以追溯到新石器时代，当时神州大地上的先民们已经开始种植瓠瓜，浙江余姚河姆渡新石器时代遗址出土过瓠瓜的种子。

未完全成熟的瓠瓜鲜嫩可口，瓜肉细白柔嫩，富含多种氨基酸、维生素及微量元素，还具有清热、利水、通便、益气等作用，深受人们的喜爱。完全成熟的瓠瓜会膨胀变大，同时表面变得厚实坚硬，不再适合食用，此时的瓠瓜被称作葫芦，可以用来作为盛装酒水的容器，也可以切开制成瓢用来舀水，成语"依葫芦画瓢"就是从这里来的。

经过漫长时间的洗礼，我们今天所吃的蔬菜已经和古人有了很大的不同，上面说到的春秋战国时期的"五蔬"中，现在只有葱和韭仍然活跃在我们的餐桌上。现代人追求更高的生活品质，对于蔬菜的需求和要求都远高于古人，我们今天日常吃到的蔬菜都是经过千挑万选之后的"精英"品种。

在中国北方，白菜是毫无争议的"百菜之王"，也是被所有人喜爱的"百姓之菜"。在过去温室大棚没有普及的时代，每到冬天来临之时,中国北方的各家各户都会买下许多白菜,存放在地窖,作为用来度过整个冬天的蔬菜储备。

白菜

白菜原产于中国,古代称其为菘。

早在新石器时代,先民们已经开始种植白菜,考古学家在半坡遗址中发现了装有类似白菜籽的植物种子的陶罐,不过当时的白菜和现在我们所见的白菜有很大的不同。春秋战国时期,人们将叶类蔬菜统称为葑,《诗经》中的《采苓》一篇有"采葑采葑,首阳之东"的句子。根据考古研究,葑是多种十字花科蔬菜的统称,包括白菜、青菜、蔓菁等,可以看作是白菜的祖先。

到了汉代,经过多年的筛选、杂交和种植,葑逐渐变成了菘,最早关于菘的记载出现在《吴录》中:"陆逊催人种豆、菘。"当时菘的种植主要集中在中国南方地区,其形态类似于现在常见的青菜,北魏时期贾思勰所著的《齐民要术》中有这样的描述:"菘菜似芜菁,无毛而大。"当时菘在中国属于稀罕物,平民百姓是不可能吃到的,只有权贵才能有机会品尝。北魏孝文帝迁都洛阳后,在洛阳建了名为"光风园"的皇家菜园,专门种植和培育各种时令蔬菜,开始将菘从南方引到北方种植。南梁的使臣来洛阳,当时的北魏皇帝宣武帝赏赐给他一船菘,使臣将这些菘带回南梁。南梁的皇太子萧统品尝了美味的菘后,专门写了《谢敕赉河南菜启》和《谢敕赉大菘启》两篇答谢词,称赞菘"周原泽洽,味备百羞",比江南的莼菜和巴蜀的葵、芹等菜的味道都更鲜美。

唐代的时候,菘已经分化出多个品种,《唐本草》中有这样的记载:"菘菜不生北土……其菘有三种:有牛肚菘,叶最大厚,味甘;紫菘,叶薄细,味少苦;白菘,似蔓青也。"牛肚菘叶大味美,是当时最受欢迎的品种，得到了广泛种植。唐宋八大家之一的韩愈曾经留下过"晚菘细切肥牛肚，新笋初尝嫩马蹄"的诗句，对菘的美味大加称赞，当时他所吃的应该就是牛肚菘。著名诗人刘禹锡也在诗中写道："只恐鸣驺催上道，不容待得晚菘尝。"对于不能吃到晚秋的菘深感遗憾。

宋元时期，"白菜"这个名字逐渐开始在民间普及。南宋诗人杨万里所做的《菜圃》一诗中有"此圃何其窄，于侬已自华。看人浇白菜，分水及黄花"。同为宋代诗人的吴则礼也在诗中写下了"拟向山阳买白菜，团炉烂煮北湖羹"的句子。由此可见，当时白菜已经成为人们约定俗成的叫法。

明朝的医学家李时珍在《本草纲目》中写道："菘，即今人呼为白菜者。一种茎圆厚微青；一种茎扁薄而白。"明朝时期，白菜从中国传到朝鲜，成为当地制作泡菜的主要原料。

时间来到清朝，白菜经过进一步的筛选和杂交，开始出现叶片紧包在一起的结球白菜，跟我们现在所见到的白菜已经没有什么区别了。清朝的《顺天府志》中有这样的记载："按黄芽菜为菘之最晚者，茎直心黄，紧束如卷，今人专称为白菜。"这里面的"紧束如卷"四个字就是对结球这一特征的描述。

时至今日，白菜已经遍布中国的大江南北，成为所有中国人最熟悉的蔬菜，并且在全国各地形成了多种多样的品种。北方有山东胶州大白菜、北京青白、天津青麻叶大白菜、东北大矮白菜、山西阳城大毛边等，南方则有乌金白、黄芽白、蚕白菜、鸡冠白、雪里青等。

作为"百菜之王"，白菜的味道鲜美，炖炒皆宜，白菜炖豆腐、清水白菜、醋溜白菜、奶油白菜汤等都是耳熟能详的家常菜肴。白菜也可以作为配菜加入各种火锅、干锅、焖锅、酥锅，还可以作为包子、饺子的馅料。白菜也被用来腌制成泡菜，在中国的东北和四川地区都有用白菜腌制泡菜的习俗，腌制成泡菜的白菜除了供国人食用，还会出口到海外，成为重要的出口创汇产品。

和白菜一样，菠菜也是中国人常吃的叶类蔬菜之一。

菠菜也叫作波斯菜、赤根菜、飞龙菜，在植物分类学上属于藜科菠菜属，是一种一年生草本植物，完全长成的菠菜可以达到一米多高，不过我们在菜市场见到的菠菜体型要小得多，因为我们平常吃的都是菠菜的嫩苗。

人类种植菠菜的历史可以追溯到 2000 多年前，最早种植菠菜的地区在亚洲西部，大概在现在的伊朗，当时这个地区被波斯帝国统治，所以菠菜也叫作波斯菜。

菠菜传入中国的时间是在唐朝，尼泊尔使臣将菠菜种子作为贡品进贡给唐太宗李世民，在史书《唐会要》中有这样的记载："太宗时，泥婆罗国献菠棱菜，类红蓝，实如蒺藜，火熟之，能益食味。"这里的"泥婆罗国"指的就是今天的尼泊尔，"菠棱菜"就是当时对菠菜的称呼。除了通过官方渠道，菠菜还在同一时期通过民间贸易途径传入中国。

到了宋朝，菠菜已经在神州大地上普遍种植，成为当时人们常吃的蔬菜之一，苏轼的《春菜》一诗中有"北方苦寒今未已，雪底波棱如铁甲"的诗句。

大约在 11 世纪，菠菜从中东传入西班牙，随后逐渐在欧洲扩散开，到了今天已经成为全世界普遍种植的蔬菜。

菠菜含有丰富的营养，富含类胡萝卜素、维生素 C、维生素 K 等营养物质，以及钙、铁等多种矿物质，可以用来凉拌、做汤或者清炒，也可以绞碎和入面团，用来制作菠菜面、菠菜窝头、菠菜馒头等多种食品。

关于菠菜还有一个趣闻。1870 年，德国化学家埃里希·冯·沃尔夫在测定菠菜含铁量的时候点错了小数点的位置，导致菠菜的含铁量"增加"了 10 倍，每一百克菠菜的含铁量从 3.5 毫克"变成"了 35 毫克。论文发表之后，"吃菠菜可以补铁"的说法很快就流传开来，就算后来进行了更正，仍然没法阻止这一错误说法的继续流传。受到这个错误的影响，美国漫画家埃尔齐·克赖斯勒·西格在 1929 年创造出了卡通角色"大力水手"，这位水手特别爱吃菠菜，只要吃下一罐菠菜，立刻就变得力大无穷。很多小孩子就是因为喜欢"大力水手"而变得爱吃菠菜，当时菠菜受孩子们欢迎的程度仅次于火鸡和冰激凌。

虽然菠菜并没有特别强大的补铁效果，也不能让人变得力大无穷，但是菠菜丰富的营养的确能够让人更健康，所以多吃菠菜是没错的。

除了白菜和菠菜之外，中国人餐桌上的叶类蔬菜还有很多，比如卷心菜、油麦菜、生菜等，一般将它们统称为青菜。

有句俗话说"萝卜青菜，各有所爱"，可见萝卜和所谓的"青菜"一样，也是蔬菜的一种，而且在蔬菜中占据了重要的位置。

萝卜和白菜一样，在植物分类学上属于十字花科萝卜属，如果说白菜的精华都存储在肥厚的叶片中，那么萝卜的精华就集中在它粗大的肉质根上。

关于萝卜种植的起源，目前还没有一个确切的结论，考古学家们一般认为萝卜种植起源于亚洲。早在春秋战国时期，中国人已经开始种植萝卜，不过当时的萝卜和现在的有很大不同，而且受限于人们对植物的认识，经常和白菜、芜菁等作物混为一谈，很多地方种植萝卜是作为叶菜食用。

随着先民们对萝卜的筛选、繁育，以及栽培技术的不断进步，到了魏晋时期，已经开始出现拥有肥硕肉质根的萝卜，《齐民要术》中就有关于萝卜栽培与加工的方法。随后萝卜逐渐扩散到整个神州大地，到了唐宋年间，萝卜已经成为人们日常食用的蔬菜。

萝卜具有很强的耐寒性，是非常好的越冬蔬菜。中国最早种植的萝卜以秋冬萝卜为主。萝卜的存在，极大地缓解了古代中国人对冬季蔬菜的需求压力。唐代时，人们开始在夏天种植萝卜，《四时纂要》中就有夏萝卜的相关记载。到了宋代，萝卜已经成为一年四季都可以栽培的作物。

传说，在武则天称帝时，洛阳城郊的菜地中长出了一颗特别大的萝卜，足有三尺来长，上青下白煞是好看，种出这颗萝卜的农民认为这是祥瑞之兆，将其进贡入宫。武则天看到这个巨大的萝卜十分高兴，让御厨将其做成菜。在此之前，萝卜都是平民所吃的食物，宫中的御厨根本不知道能用萝卜做出什么好菜，不过皇命难违，只好硬着头皮上。经过一番冥思苦想，御厨们将萝卜切成细丝，并加入各种山珍海味制成羹汤。武则天吃了羹汤，感觉其鲜美可口，风味独特，与燕窝有几分相似，于是为这道菜赐名"假燕窝"。有了武则天的赐名，萝卜从此受到了王公大臣、皇亲国戚的追捧，登上了大雅之堂。

清代著名植物学家吴其浚在北京为官时，非常喜欢北京特产"心里美"萝卜，认为其"琼瑶一片，嚼如冷雪，齿鸣未已，众热俱平"，其所著的《植物名实图考》生动地记载了晚上购买萝卜的场景："冬飚撼壁，围炉永夜，煤焰烛窗，口鼻炱黑。忽闻门外有萝卜赛梨者，无论贫富耄雅，奔走购之，唯恐其越街过巷也。"

萝卜吃法很多，可以搭配其他材料煮炖，也可以制作成萝卜咸菜或者泡菜，还可以刨成丝加入面粉炸成金黄酥脆的萝卜丸子。不过笔者最喜欢的还是生吃萝卜，那种独特的辛辣味道和爽脆口感让人欲罢不能。山东潍坊特产的潍县萝卜号称是"水果萝卜"，生吃起来味道最为爽脆。

提起萝卜，大家很容易联想到胡萝卜。中国古代习惯将西域传入国内的东西加上"胡"字，顾名思义，胡萝卜就是"外国的萝卜"。不过虽然萝卜与胡萝卜名称相似，看起来长得也差不多，都有一个圆滚滚的肉质根，但是在植物分类学上，胡萝卜属于伞形科胡萝卜属，与十字花科的萝卜可说是八竿子打不着，没有任何亲戚关系，倒是和同为伞形科的芹菜、香菜"沾亲带故"。

根据考古研究，胡萝卜种植起源于中亚的阿富汗地区，大约在2000年前，这里的人们已经开始种植胡萝卜。野生胡萝卜的根茎细小，所以最初人们食用的主要是它的茎叶，还把种子作为香料用来调味。随着不断筛选，胡萝卜的根茎越来越丰满圆润，逐渐变成食用根茎的蔬菜。

10世纪左右，胡萝卜传入欧洲。11世纪拜占庭学者曾经留下了关于胡萝卜的记录，其中描述胡萝卜是红色和黄色的。12世纪时，西班牙地区开始种植胡萝卜，意大利地区大约13世纪开始种植胡萝卜，法国、德国、荷兰和英国等地的胡萝卜种植则开始于14世纪。在16世纪，胡萝卜被殖民者带到了美洲大陆，并很快成为当地饮食的重要组成部分。

12世纪时，胡萝卜随着商队传入中国，到了14世纪，已经在国内很多地方都有种植。经过长时间的培育，中国种植的胡萝卜形成了与西方不同的品种，被称为"东方胡萝卜"，并在16世纪时传入日本。

胡萝卜的口感和味道都比较特殊，并不是所有人都能接受，这也是伞形科蔬菜的一个特点。芹菜、香菜也是一样，喜欢的人爱得发狂，不喜欢的人避之如蛇蝎。由于这个特点，胡萝卜在很长时间内并没有成为主流的蔬菜，在很多地区甚至将其作为牲畜饲料。

随着第二次世界大战爆发，整个欧洲的食品供应出现了很大的困难，特别是孤悬海外的英国更是艰难，这时营养丰富、容易种植而且方便存储运输的胡萝卜就成了重要的食物，英国政府鼓励人们种植和食用胡萝卜以缓解食品短缺的情况。

关于第二次世界大战时英国的胡萝卜，还有一个有趣的故事。当时纳粹德国经常在夜间对伦敦进行轰炸，英国空军飞行员奋勇反击，在夜间与敌机的战斗中取得了令人瞩目的战绩。德国纳粹不甘心失败，派出间谍希望能发现英军飞行员骁勇善战的秘密。英国政府发动宣传，宣称英国的飞行员们是因为每餐都吃大量的胡萝卜，因为胡萝卜中的丰富营养让视力变得更加敏锐，所以才能在空战中战无不胜。得到这个消息，德国纳粹信以为真，也开始让己方的飞行员大量食用胡萝卜。第二次世界大战结束之后，解密信息让大家得知当时英国空军是因为装备了新型的仪器才能在黑夜中锁定德国的战机，并不是因为飞行员吃胡萝卜增强了视力，不过吃胡萝卜能够增强视力这个说法却一直流传下来。事实上，人体缺乏维生素A会导致"夜盲症"，胡萝卜中富含胡萝卜素，可以在人体内转化成维生素A，所以胡萝卜的确有治疗夜盲症的效果。

和古人喜欢吃瓠瓜一样，现代人也食用很多"瓜"类蔬菜，其中最常见的是黄瓜。

黄瓜在植物分类学上和瓠瓜一样属于葫芦科，事实上，我们常见的各种"瓜"基本上都是葫芦科的成员，比如冬瓜、南瓜、丝瓜等。黄瓜并不是原产于中国的植物，根据考古学研究，其原产地在温暖湿润的喜马拉雅山南麓，也就是现在的印度北部地区。汉武帝在位期间，张骞沿着丝绸之路出使西域，回国的时候带回了许多西域植物的种子,其中就包括黄瓜,不过当时的黄瓜并不叫这个名字,而是叫作胡瓜。五胡十六国时期,后赵皇帝石勒是羯族人,属于胡人,所以觉得"胡"字犯忌,为了投其所好,襄国郡守樊坦将胡瓜改为黄瓜,随后就一直沿用下来。

也许有人会奇怪,我们常吃的黄瓜明明是绿色的,为什么不叫作"绿"瓜而是叫作"黄"瓜。其实就像成熟的瓠瓜会变成硬邦邦的葫芦,成熟的黄瓜也会由青变黄,同时干瘪变硬,变得不再适合食用。

黄瓜含有的热量非常低,在现今这个"热量过剩"的时代受到减肥人士的追捧,成为减肥餐的重要组成部分。黄瓜味道清淡爽口,可以做成黄瓜炒鸡蛋等炒菜,也可以凉拌或者直接生吃。随着种植技术的进步和品种的改良,还出现了适合生吃的"水果黄瓜",让黄瓜在蔬菜和水果之间的位置变得模糊起来。

西红柿

同样让人分不清的还有西红柿,关于西红柿是蔬菜还是水果的争论一直没有停过,在这里我们暂时先把它当作蔬菜。

西红柿也叫作番茄,在植物分类学上属于管状花目茄科番茄属,起源于南美洲的安第斯山脉区域,也就是今天的秘鲁、厄瓜多尔、玻利维亚等国家,当地的原住民很早就开始驯化野生西红柿并进行种植,将其作为重要的食用蔬菜。

哥伦布发现美洲大陆之后,欧洲的殖民者很快就注意到了西红柿,并且将其带回了欧洲。16世纪,有位英国公爵在南美洲旅游,在当地看到了西红柿开出的花朵和红艳的果实,感觉美丽可爱至极,如获至宝般将其带回英国,作为爱情的礼物献给了伊丽莎白女王。这件事让西红柿获得了"爱情果""情人果"的美名,当时的英国贵族纷纷把它种在庄园里,并作为象征爱情的礼品赠送给自己所爱的人。

不过当时的欧洲人认为西红柿有毒,将其命名为"狼桃",只是作为观赏植物进行种植。为什么当时的欧洲人会认为西红柿有毒,这一点让很多人感到疑惑。不过设身处地想想,与西红柿同属茄科的"亲戚"龙葵、曼陀罗、曼德拉草、颠茄等都是声名赫赫的毒物,西红柿本身的果子又是充满警告意味的鲜艳红色,要把它放进嘴里尝尝味道的确是需要极大的勇气和牺牲精神。另外,曼德拉草以及颠茄的果实和西红柿长得很像,都含有剧毒,当时很多人分不清楚,发生过几次误食曼德拉草或者颠茄果实的事故,导致很多人认为西红柿的果实也是含有剧毒的。

直到17世纪,一位法国画家对西红柿情有独钟,将其作为自己绘画的主题,他在绘画时每天面对番茄这样美丽可爱而"有毒"的果实,忽然产生了品尝一下的冲动,于是冒死摘下一个吃了,然后便躺在床上等死,结果过了很久仍然平安无事。画家将自己的经历告诉了其他人,西红柿无毒的消息渐渐为人所知。同时期还有许多"勇士"开始尝试着吃番茄,他们都用自己的勇敢为人类的进步做出了贡献。

到了18世纪中叶,随着一代代筛选育种,西红柿果实的个头变得更大,口味也变得更好,欧洲人不再对其视为"有毒的恶魔果实",而是作为食材进行种植,《大英百科全书》中明确记载了西红柿是可以食用的。当时的欧洲人开始将西红柿应用在各式各样的烹饪料理中,将其制成各种美食,特别是在意大利,富有创意的厨师们将西红柿制成酸甜可口的西红柿酱,直到今天仍然是意大利美食不可或缺的一部分。

虽然可以生吃也可以做菜,不过作为植物的果实,西红柿其实更接近水果,之所以会被归为蔬菜,其实跟美国的税收政策有关。19世纪的时候,美国对蔬菜销售征税,而对水果销售却是免税的,税务官向销售西红柿的商人征税时,商人坚持认为自己销售的是水果,双方各执一词,去法院打起了官司。审理该案的法官认为西红柿是和米、汤、鱼肉一起组成饭的东西,而且是长在菜园里的,所以西红柿应该算作蔬菜,必须缴税。有了这个判例,西红柿在美国就被当作了蔬菜,世界上其他国家也逐渐接受了这一说法。

西红柿进入中国的时间大概是19世纪早期,到了19世纪中期,西红柿已经在中国境内广泛种植。如今中国已经是世界上西红柿产量最大的国家,2020年中国的西红柿产量为惊人的5600多万吨。

值得注意的是,中国境内最早开始种植的西红柿就是果实比较大的品种,所以当前些年果实较小的西红柿被引入中国时,人们将其当作西红柿的改良品种,还起了圣女果这样好听的名字,其实从植物进化上来说,圣女果更接近西红柿在野外的原生形态。

西红柿的吃法很多,可以直接生吃,也可以凉拌或者制成沙拉,还可以用来制作各种菜肴,西红柿炒鸡蛋、西红柿炖牛腩都是餐桌上的常客。

随着时代的发展和技术的进步,中国人的"菜篮子"已经变得越来越丰富,说不定什么时候就能在菜市场看到以前从未见过的蔬菜,这些蔬菜让中国人的餐桌变得越来越丰富多彩,正如同我们蒸蒸日上的生活一样。

04　　　　　　　　　　　　　　枝头垂硕果

◇ ....

在中国历史上的很长一段时间里，与餐桌上的"主角"粮食和"常驻配角"蔬菜比起来，水果像是一个不太受重视的"龙套"。造成这个结果的原因并不是人们不喜欢吃水果，恰恰相反，人类对于甜味的追求是发自本能的，而在蔗糖被制造出来之前，除了蜂蜜之外只有成熟的水果才能给人们带来舌尖上的甜味享受。

甜美的水果虽然好吃，却很难填饱肚子，而且大多数很容易腐烂，在极度缺乏保鲜存储、长途运输能力的古代，这是几乎无解的难题，因此水果的食用局限在产地、应季，无法形成有效的供应。在绝大多数人都在为了填饱肚子而辛苦劳碌的时候，水果只能是生活中可有可无的点缀或者偶尔出现的惊喜，就算是位高权重的达官贵人或者富甲一方的商贾名流，也很难随心所欲地品尝到新鲜可口的水果。

说起中国古代的水果，"桃"绝对是无法忽视的存在。在植物分类学上，桃属于蔷薇科、李亚科的桃属，是一种落叶小乔木，果实就是我们非常熟悉的桃子。

桃的原产地在中国，早在新石器时代，神州大地上的先民们已经开始享用桃树的果实，考古学家们在河姆渡遗址中就发现了野生的桃核。当时的桃子比现在看到的小得多，口味也要差一些，不过对于当时的人们来说仍然是难得的美味，也是可以用来果腹的重要食物来源。

因为桃子的美味，古人们开始有意识地对其进行种植，并逐渐筛选出更好吃的品种。由于桃树的生长周期比较长，从发芽到结果需要数年的时间，所以这个筛选过程十分漫长。经过数百年甚至数千年的筛选繁育，桃子分化出了许多不同的品种，比如蜜桃、黄桃、蟠桃、油桃等。

到了春秋战国时期，桃子已经成为神州大地上最受欢迎的水果。《诗经》中专门有《桃夭》一诗，其中"桃之夭夭，灼灼其华"的诗句记载了桃花盛开的美丽景象，表达了人们对美好生活的向往和憧憬。

春秋时期著名的思想家、教育家孔子也曾留下吃桃的记录。当时孔子来到鲁国拜见鲁哀公，鲁哀公赐给他桃和黍，孔子先吃了黍，然后吃了桃，旁边鲁哀公的侍从纷纷掩口而笑。鲁哀公告诉孔子，黍是用来给桃去毛用的。孔子回答说，黍是五谷中排在第一位的，祭祀时是上等的祭品，而桃子为下等祭品，祭祀的时候甚至不得进入宗庙，君子用下等的东西擦拭高贵的东西，没有听说用高贵的东西来擦拭低贱的东西。这个故事记载于《韩非子·释木篇》，说明当时的权贵已经能够经常吃到桃，而且还发明出了用黍去桃毛的方法，高贵低贱暂且不论，这个方法的确是浪费得很。

"二桃杀三士"的故事发生在战国时期的齐国，最早记载于《晏子春秋》。当时齐国有三位功勋赫赫的勇士，田开疆率领军队征服了徐国，有开疆拓土之功；古冶子有斩鼋救主之功；公孙捷有打虎救主之功。三人都被齐景公封了大官，并且结为兄弟，自号"齐邦三杰"。随着时间推移，三人逐渐变得狂妄起来，对于国君齐景公和其他公卿大臣很不尊重，成为齐国的隐患。齐国宰相晏婴为了除掉三人设下计谋，在酒宴上拿出两个罕见的"金桃"，让齐景公赏给功劳最大的两个人。公孙捷和古冶子首先自荐，说自己有救主之功，晏婴便将两桃分别赐给了这两人，两人便把金桃吃了。随后田开疆自荐开疆拓土的功劳，晏婴说田开疆的功劳最大，但此时金桃已赐完，只能等到来年桃熟再行奖赏。田开疆认为自己功劳最大反而不能得到桃子,是奇耻大辱,于是挥剑自杀。古冶子和公孙捷看到田开疆自杀,感觉自己的功劳小反而吃了桃子,感到十分羞愧,也跟着自杀身亡。晏婴用两个桃子,便将齐国的隐患解除了。通过这个故事,我们可以发现,在当时已经出现了"金桃"这个品种,大概和今天的黄桃类似。

春秋战国时期的桃子深受人们的喜爱,这种喜爱成为一种文化传承下来,深深地渗入中国人的文化基因里。

中国人认为桃子代表了长寿,寿星手中就拿着一个硕大的桃子,被称为"寿桃"。《西游记》中王母娘娘有一座蟠桃园,里面种着大小不一的仙桃,吃了头等大桃,可以"与天地同寿,与日月同庚";吃了二等中桃,可以"霞举飞升,长生不老";吃了三等小桃,也可以"成仙得道,体健身轻"。王母娘娘办寿宴的时候,会用这些仙桃来招待赴宴的各路神仙,孙悟空、八仙等著名的神话人物都曾经品尝过王母娘娘的仙桃。

桃树的木头是消灾辟邪的"圣品",这种带着迷信色彩的认知一直延续下来。直到现在,小说、影视作品里还经常能看到用桃木剑斩妖驱邪的场面。

晋朝陶渊明的《桃花源记》中记载了一个神秘的桃花源,"忽逢桃花林,夹岸数百步,中无杂树,芳草鲜美,落英缤纷"。这里没有战乱,人民生活安详幸福。"土地平旷,屋舍俨然,有良田、美池、桑竹之属。阡陌交通,鸡犬相闻。其中往来种作,男女衣着,悉如外人。黄发垂髫,并怡然自乐。"从此,"桃花源"就成为中国人心目中理想世界的代名词。

关于桃花的诗词也数不胜数,"桃花潭水深千尺,不及汪伦送我情""去年今日此门中,人面桃花相映红,人面不知何处,桃花依旧笑春风""人间四月芳菲尽,山寺桃花始盛开"等都是流传千古的名句。

在中国古代,杏也是人们常吃的水果之一。

从植物分类学上看,杏属于蔷薇科、李亚科下的杏属,和桃有比较近的亲缘关系,所以在植物形态上也颇为相似。

根据考古研究,中国新疆的伊犁地区是杏的起源地,并且杏很早就已经传入中原地区,成为当时人们常见的水果。

春秋战国时期,已经有人工种植的杏树。在《庄子》中有这样的记载:"孔子游乎缁帷之林,休坐乎杏坛之上,弟子读书,孔子弦歌鼓琴。"说的就是孔子在杏坛上讲学的情景。有人认为杏坛并不是真实存在的,庄子在这里是用了寓言的写法来称颂孔子,不过至少说明在《庄子》写作时杏树已经是人们常见的树木了。

晋朝葛洪所著的《神仙传》中记载,三国时吴国有一位名叫董奉的名医,与当时的张仲景、华佗齐名,号称"建安三神医"。董奉不但医术高明,而且身负法术,能够预言风雨,被人们视为仙人。董奉为人看病不收取钱财,却要求患者在痊愈之后在他所住的山坡上种下杏树,病重者种五棵,病轻者种一棵。董奉因医术高超,来求医的患者络绎不绝,没几年就在他所住的山坡上种下了一片绵延不绝的杏树林。到了杏子成熟时,董奉让来买杏的人用一斗谷子换一斗杏,换来的谷子则被用来接济贫病交加的病人。后人为了纪念董奉,将"杏林"作为医学界的代称。

唐朝时杏已经被人们广泛种植,大片的杏树林可以作为明显的地标。诗人杜牧的名诗《清明》中的"借问酒家何处有,牧童遥指杏花村"让"杏花村"这个地名流传千古。到了宋朝,杏花受到文人墨客追捧,留下了许多写杏和杏花的诗词,其中最著名的莫过于诗人叶绍翁的那句"春色满园关不住,一枝红杏出墙来"。

虽然杏子的果肉酸甜爽口,它的种仁中却含有致命的氰化物,食用过量会导致中毒甚至死亡,所谓"苦杏仁味"已经成为氰化物的特征性描述,出现在各种侦探小说中。如今,杏仍然是我们常见的水果之一,只是经过人们多年筛选培育,成功地种植出了不含毒素的甜杏仁,成为颇受欢迎的零食。

根据用途不同,现在栽培的杏一般可以分为三类,分别是食用杏类、仁用杏类和加工用杏类。食用杏类作为水果食用,果实比较大,果肉肥厚多汁,甜酸适度,色彩鲜艳;仁用杏类的果实比较小,果肉很薄,种仁肥大,有甜杏仁和苦杏仁之分,前者被制作成各种食品,后者则主要应用在药物制作领域;加工用杏类的果肉比较厚,含糖较多,主要用来制作果干、蜜饯等加工产品。

杏子的味道虽然可口，却不能多吃，因为杏子本身是一种酸性水果，吃多了对牙齿会产生一定的腐蚀性，甚至会引起胃痛的情况。

有句俗语说"桃养人，杏伤人，李子树下埋死人"，说的是桃子对人有滋补的功效，杏子吃多了会伤身，而李子吃多了甚至会让人丧命。虽然这是一种夸张的说法，不过还是说明李子比杏对身体的伤害还要大一些。

和桃一样，李也是中国古代常见的水果之一，《诗经·大雅·抑》中有"投我以桃，报之以李"的诗句，说的是当时的人们互赠水果的场景。

李子

在植物分类学上，李属于蔷薇科李属，起源于中国的长江流域，在中国有 3000 多年的种植历史。

传说在商朝末年，商纣王在位时，当时的理官理徵因为直言进谏触怒了纣王而被杀，其子理利贞随母亲契和氏逃难，路上饥寒交迫，多亏在一片李树林中吃到了李子才得以活命。为了纪念李树的恩情，也为了躲避纣王的追捕，理利贞将自己的姓氏从"理"改为"李"，从此中国就有了李姓，老子李耳就是李利贞的十一世孙。

李子的营养丰富，富含多种维生素及微量元素。现在李子在中国各地都有种植，经过一代代改良栽培之后，出现了许多不同的品种。不过由于李子含有大量果酸，对于肠胃有一定的刺激作用，还会对牙齿造成腐蚀，所以不适合大量食用，没法成为"主流"的水果。

说到当今的"主流"水果，苹果绝对是当之无愧的"老大"。苹果的果实与李子形状类似，不过体型要大一些，目前是人们最常食用的水果之一，几乎一年四季都在超市里的水果柜台占据着一席之地。

苹果在植物分类学上属于蔷薇科苹果属，是一种落叶乔木，最高可以长到15米，不过种植的苹果树基本上都会修剪成3到5米高。

关于苹果的起源地，各国科学家一直存在争议。近年来通过基因测序研究发现，目前世界上种植的苹果都是起源于中国新疆地区的野苹果。数千年前，新疆地区的野苹果随着人类迁徙到中亚，随后传入欧洲以及希腊等地区，与当地的森林苹果进行了杂交，又经过一代代种植和筛选，在当地形成了口感清脆的苹果品种。与此同时，新疆野苹果也向东扩散进入中国的中原地区，在这里经过筛选种植，逐渐形成了体型较小、口感绵软的绵苹果。

在汉代，苹果被称为柰，也叫作林檎。汉武帝时期，文学家司马相如所写的《上林赋》中描写了上林苑的美景，其中就有"樗柰厚朴"的句子，可见当时柰已经被普遍种植。西晋文人郭义恭在《广志》中记载："柰有白、青、赤三种。张掖有白柰，酒泉有赤柰。"说明当时已经出现了不同品种的柰。

道教对柰十分推崇，将紫柰捧为神仙食用的"仙果"。东晋后期的《汉武帝内传》中有"仙药之次者有员丘紫柰，出永昌"的记载，另一部《汉武洞冥记》描写了汉武帝时期的宠臣东方朔，远游北极之后采回了一大堆奇花异草，其中就有"大如斗，甜如蜜"的紫柰。当然这些都可以归为神话传说，可信度并不高，不过我们可以从中知道，当时的柰已经是人们常见的水果了。

唐代，随着佛教在中国日渐兴盛，梵语中的许多词汇也传到了中国，其中用来描述红瓜的一个词"频婆"被张冠李戴到了柰身上，变成了"频婆果"，又经过一段时间的流传，最终变成了"苹果"一词。明万历年间，农学家王象晋的《群芳谱·果谱》中有"苹果出北地，燕赵者尤佳"，首次出现了"苹果"一词。

在中国历史上，苹果的地位远远不如桃子，但在西方文化中，苹果却具有十分重要的地位。北欧神话中苹果是青春之果,众神必须时常吃苹果才能永葆青春;希腊神话中苹果是爱情的见证,在神王宙斯和天后赫拉的婚礼上,大地女神盖亚将一棵结满了金苹果的苹果树送给他们作为礼物;赫拉、雅典娜和阿芙罗狄忒三位女神曾经为了一个写着"送给最美女神"的金苹果争执不休。

近代关于苹果的故事,最著名的当属"牛顿与苹果"。传说牛顿在苹果树下休息的时候,被掉落的苹果砸到了头,灵光一闪之后便发现了万有引力定律。这个故事出自法国哲学家、作家伏尔泰所著的《牛顿哲学原理》一书,据说是由牛顿的外甥女巴尔顿夫人讲述的。牛顿家乡的这棵苹果树后来被移植到剑桥大学校园中。

苹果含有丰富的营养,富含糖分、有机酸、膳食纤维和多种维生素及微量元素,经常吃苹果可以润肠通便、补脑安神,还具有降低血压和胆固醇、提高免疫力的作用,除此之外还有美容养颜的功效。西方有一句谚语"一天一苹果,医生远离我",说明从很久之前人们就认识到了苹果的保健功效。

19世纪末期,西方苹果传入中国,最早开始种植的地区是在山东的烟台,因为口感清脆、味道香甜,而且便于储存和运输,很快就成为人们喜爱的水果,逐渐风靡全国。直到今天,烟台仍然是苹果的主要产地之一,烟台苹果在全国久负盛名。

在中国山东,莱阳梨是与烟台苹果齐名的水果,是山东省的著名特产之一。

梨是一类植物的总称,在植物分类学上都属于蔷薇科、苹果亚科、梨属,不同品种梨的果实在大小、形状、颜色上有很大不同。

中国是梨属植物的三大起源地之一,上古时代的先民们很早就开始从野生的梨树上摘下果实来食用。在春秋战国时期,梨被称为树檖。《诗经·晨风》中有"山有苞棣,隰有树檖。未见君子,忧心如醉"的诗句。在同一时期,已经开始出现了梨的称呼,《庄子》中有"故譬三皇五帝之礼义法度,其犹柤梨橘柚邪,其味相反而皆可于口"的句子,《山海经》中也有"洞庭之中,其木多梨"的记载,可见当时梨已经是人们常见的水果之一。

汉代时梨树已经在神州大地上开始种植,东汉史学家班固所著的《汉书》中记载："淮北荥南河济之间千树梨,其人皆与千户侯等。"意思就是拥有千棵梨树的人,身份就能和千户侯媲美了,由此可见当时的梨树是比较贵重的财富。

关于梨最著名的故事,莫过于"孔融让梨",讲的是孔融四岁的时候,和兄长一起吃梨,在一盘梨中选取了最小的一个,大人问他为什么,他说因为自己是小孩子,所以应该吃小的梨,家人都感到很惊奇,认为他聪慧而识礼。孔融让梨的故事最早出现在《世说新语》。在《后汉书·孔融传》中也有类似的记载。后人所著的儿童启蒙读物《三字经》中有"融四岁,能让梨"的句子。孔融是孔子的二十世孙,父亲孔宙官封泰山都尉,算得上有钱有势的权贵,可见在当时梨还是比较稀有,在孔融这样权贵之家中也不能"敞开供应"。

随着种植技术的进步,梨逐渐在神州大地上扩散开来。北魏贾思勰所著的《齐民要术》中专门有"插梨篇",其中记载了当时种植梨的方法。陶渊明的《责子》一诗中有"通子垂九龄,但觅梨与栗",说的是他的儿子陶通已经九岁了,只知道找梨和栗子这样的零食吃,可见当时梨已经是常见的水果了。

到了唐朝,梨已经是人们能够经常吃到的水果之一,当时的人不喜欢吃生梨,喜欢将梨蒸熟后再吃,还有些唐人更喜欢烤梨的风味,"炉端烧梨"曾经在皇宫中风行一时,唐肃宗李亨就曾经亲自为重臣李沁烤梨。

唐朝的皇宫中有一座梨园,种植了许多梨树,唐玄宗李隆基将这座梨园改造成了一座教授音乐、舞蹈、戏曲等技艺的"艺术学院",并亲自担任了梨园的崔公,也就是"学院院长"。直到今天,梨园仍然是曲艺界的代称。

由于梨花雪白娇弱、摇曳生姿,还被文人墨客赋予了风雅的文化内涵。关于梨的诗句非常多,杜甫在《百忧集行》中有"庭前八月梨枣熟,一日上树能千回"的诗句;白居易则在《寒食野望吟》中发出了"棠梨花映白杨树,尽是死生别离处"的慨叹;岑参在《白雪歌送武判官归京》中留下了"忽如一夜春风来,千树万树梨花开"的千古名句,这句诗明面上写的是梨花,实际上写的却是雪景,其中巧思让人赞叹;宋朝的文学家苏轼专门有一首《梨》诗:"霜降红梨熟,柔柯已不胜。未尝蠲夏渴,长见助春冰。"

梨的果实不仅味美汁多,甜中带酸,而且营养丰富,含有多种维生素和纤维素,既可生食,也可蒸煮、烘烤之后食用,还可以做成梨汁、梨膏、果酱等加工产品。中医认为梨可以通便秘,利消化,能够软化心血管,还可以祛痰润肺。在《本草通玄》中记载:"梨,生者清六腑之热,熟者滋五脏之阴。"

古人认为吃梨对脾胃不好,但是对牙齿好,而吃枣正好相反,对牙齿不好,对脾胃好,所以就有"聪明人"想到了一个"两全其美"的办法:把梨嚼碎之后就吐出来,把枣囫囵吞下去,岂不是对牙齿也好,对脾胃也好?这就是著名成语"囫囵吞枣"的故事。由此可见,在中国古代枣和梨同样是一种常见的水果。

在植物分类学上,枣属于鼠李科枣属,是一种落叶乔木或者小灌木,最高可以长到10米左右。

中国是枣的原产地,早在新石器时代,神州大地上的先民们已经开始采集、食用野生的枣,河南新郑的裴李岗文化遗址中曾经发掘出碳化的枣核。当时枣的果实个头很小,枣核却很大,今天我们仍然能在野外找到这样的野生枣类,它被称作酸枣、山枣或者野枣。

因为枣的味道酸甜可口,还具有丰富的营养,所以先民们很早就开始对其进行种植、驯化,经过一代代的筛选培育,枣的果实越来越大,味道也越来越好,逐渐成为我们今天吃到的枣的样子。

商周时期,枣被视为圣果,只有贵族才有资格享用,还在祭祀中作为敬献给先祖和神明的祭品,在已经发现的甲骨文中就有"枣"字。当时的人们已经开始用枣发酵来酿酒,酿出的枣酒是进贡给君王的圣品。

到了春秋战国时期,种植枣树已经十分普遍,枣也成了普通人能够享用的美味。《诗经·豳风·七月》中就有"八月剥枣,十月获稻。为此春酒,以介眉寿"的诗句,《礼记》中也有"子事父母,妇事舅姑,枣栗饴蜜以甘之"的句子。《韩非子·外储说左上》中有这样的记载:"子产退而为政五年,国无盗贼,道不拾遗,桃枣荫于街者莫有援也,锥刀遗道三日可反。"可见当时郑国都城街道两旁都栽种着许多桃树和枣树。

随着不断的筛选和种植,枣出现了许多品种,《尔雅·释木》中就记录了壶枣、要枣、白枣、酸枣、齐枣、羊枣、大枣、填枣、苦枣、无实枣等11种枣。北魏贾思勰所著的《齐民要术》中引用《尔雅》《抱朴子》《邺中记》《西京杂记》等书,记述了45种枣,并特别记录了青州的乐氏枣:"青州有乐氏枣,丰肌细核,多膏肥美,为天下第一。父老相传云:'乐毅破齐时,从燕赍来所种也。'"元代的《打枣谱》中记录了72种枣,到了清代,吴其浚所著的《植物名实图考》中则记录了87种枣。到了现在,中国记录在案的枣的品种已经超过了400个。

在中国文化中,枣是一种滋补佳品。《名医别录》中说红枣能"坚筋骨,助阴气,令人肥健",在很多民间传说中,枣甚至被赋予了仙药般的神秘色彩。李白曾经在《寄王屋山人孟大融》一诗中写道:"亲见安期公,食枣大如瓜。"安期公是传说中琅琊郡的隐士,一直以枣为食,后来得道成仙。《西游记》中孙悟空曾经向寿星讨来三颗火枣,救了身患重病的比丘国王。

鲁迅先生在《秋夜》一文中写道:"在我的后园,可以看见墙外有两株树,一株是枣树,还有一株也是枣树。"虽然写的是枣树,却不仅是枣树,短短几句便勾画了无限的寂寥。

在金庸所著的《神雕侠侣》中,裘千尺落入深谷后身负重伤,仅靠着山谷中几棵枣树上的枣活了下来,还练成了口吐枣核当作暗器的绝技。虽然这只是小说,但是枣的滋补功效却是真实存在的。

枣的果实晒干后容易储存,含有丰富的维生素、氨基酸和微量元素,具有很高的营养价值。枣树寿命长,树龄可达百年,称得上"一年种树,百年收果"。枣树适应性强,还非常耐旱,在各地都可以种植,所以枣在古代是一种重要的食物,古人将其称为"木本庄稼""铁杆庄稼",有时候甚至将其与水稻、小麦、粟、黍等主粮并列。

同样可以被当作"救荒粮"的水果还有柿子,在饥荒时期,柿子是人们赖以活命的重要食物。

柿子的原产地在中国，它是一个古老的植物物种，山东省曾经发现过数百万年前的柿树化石。不过由于野生柿树的果实在未完全熟透时十分苦涩，根本不适合食用，所以在很长一段时间内，柿子并不在先民们的食谱上。

到了春秋战国时期，人们发现有些柿子在熟透之后会变得香甜绵软，逐渐开始将柿子作为水果食用。《礼记》中记载祭祀用的水果中就有柿子。因为当时熟透的柿子很难保存和运输，很快就会腐烂变质，所以无法成为人们日常的水果。同一时期，人们开始有意识地将野生柿树进行栽培种植，不过大都是作为观赏用的奇花异木。

直到南北朝时期脱涩技术被发明，柿子才真正开始成为人们日常食用的水果，其种植规模也开始迅速扩大，随后又经过多年的筛选培育，逐渐形成了不同的品种。《唐书》中有这样的记载："柿有数种，有如牛心者，有如鸡卵者，又有如鹿心者。"宋朝的博物学者苏颂在文章中有这样的记录："黄柿生汴洛诸州。朱柿出华山，如红柿而圆小，皮薄可爱，味更甘珍。椑柿，色青，可生啖。"到了今天，登记在册的柿品种已经超过了900个。

柿树没有完全成熟的果实中含有单宁酸，会在口腔中产生生涩口感，果实成熟度越差，单宁酸的含量就越高，想要去除涩味，就需要对果实进行脱涩。可以用温水浸泡脱涩，也可以用苹果、梨等水果与生柿子密封在一起进行脱涩。

脱涩的柿子口感香甜，富含糖分和多种营养物质，既可以直接食用，也可以制成柿子饼、柿子干、柿子酱等加工产品，既方便存储又别具风味，是古代为数不多的平民百姓能够经常吃到的甜食之一。

如果说柿子是水果中的"平民"，那"贵族"一定非荔枝莫属。随着杨玉环和李隆基的爱情故事广为传播，所有中国人都知道了这种充满了"高贵"气息的水果。

荔枝

荔枝属于无患子科荔枝属，是一种常绿的乔木，最高可以长到10米。新鲜的荔枝果肉香甜多汁，雪白如同凝脂一般，但是很难保鲜，一旦离开枝头很快就会腐坏，古人采收时都是将果实连着树枝砍下来，所以荔枝在古代也被叫作"离支"。

荔枝的原产地在中国南方，已经有2000多年的种植历史。汉代文人刘歆所著的《西京杂记》中有"南越王尉佗献高祖鲛鱼离支，高祖报以蒲萄、锦四匹"的记载。西汉文学家司马相如在《上林赋》中写道："于是乎卢橘夏熟，黄甘橙楱，枇杷橪柿，樗柰厚朴，梬枣杨梅，樱桃蒲陶，隐夫薁棣，答沓离支，罗乎后宫，列乎北园。"可见当时的皇家园林上林苑中就种植有荔枝，不过这些荔枝的结局恐怕并不太好，因为汉代长安的气候并不适合荔枝的生存。后世的地理书籍《三辅黄图》中有这样的记载："汉武帝破南越，建扶荔宫。扶荔者以离支得名，自交趾移植百株于庭无一生者，连年移植不息。后数岁偶一株稍茂，然终无花实，帝亦珍惜之。"可见当时对荔枝的移植并不成功。

东汉之后，随着时间的推移，"离支"逐渐演变成了"荔枝"。晋朝张勃在《吴录》中有"苍梧多荔枝，生山中，人家亦种之"的记录，南北朝时期的文人刘霁曾经专门为其写了一首《咏荔枝诗》："叔师贵其珍，武仲称其美。良由自远致，含滋不留齿。"

唐玄宗李隆基的贵妃杨玉环是荔枝的忠实"粉丝"，小时候的杨玉环生活在南方，经常能吃到新鲜的荔枝，后来来到洛阳后就吃不到了。为了让杨玉环开心，李隆基命人用快马将荔枝从产地送到长安,《新唐书·后妃·杨贵妃传》记载了这件事:"妃嗜荔枝,必欲生致之,乃置骑传送,走数千里,味未变已至京师。"《唐国史补》中也有相关的记录:"杨贵妃生于蜀,好食荔枝,南海所生,尤胜蜀者,故每岁飞驰以进。然方暑而熟,经宿则败,后人皆不知之。"这件事还被杜牧写在了《过华清宫》一诗中,成就了"一骑红尘妃子笑,无人知是荔枝来"的千古名句,"妃子笑"这个词也成了荔枝的代称。

宋朝宋哲宗在位期间,苏轼被贬岭南惠州,在那里生活得十分艰难困顿,荔枝是其生活中少有的慰藉。第一次吃到荔枝后,苏轼便写下了《四月十一日初食荔枝》一诗,在其中对荔枝大加夸赞:"南村诸杨北村卢,白华青叶冬不枯。垂黄缀紫烟雨里,特与荔枝为先驱。海山仙人绛罗襦,红纱中单白玉肤。不须更待妃子笑,风骨自是倾城姝。不知天公有意无,遣此尤物生海隅。云山得伴松桧老,霜雪自困楂梨粗。先生洗盏酌桂醑,冰盘荐此赪虬珠。似闻江鳐斫玉柱,更洗河豚烹腹腴。我生涉世本为口,一官久已轻莼鲈。人间何者非梦幻,南来万里真良图。"后来苏轼更是将荔枝赞为"惠州一绝",并以此为题写下了"罗浮山下四时春,卢橘杨梅次第新。日啖荔枝三百颗,不辞长作岭南人"的名句。

到了现代,随着保鲜技术的进步和物流速度的提升,再不用"一骑红尘"运送荔枝,就算是中国北方的普通人也能够品尝到新鲜的荔枝了。

除了荔枝之外,还有许多我们今天可以随时吃到的水果,在古代都是十分罕见、珍贵的品种。

炎炎夏日,冰凉的西瓜是解暑止渴的"圣物"。

和其他大多数"瓜"一样,西瓜也属于葫芦科。研究认为,中国并不是西瓜的原产地,它是从西域传入的,所以才得名西瓜。

一般认为,西瓜传入中国大概是在五代十国时期,五代同州郃阳县令胡峤所著《陷虏记》中首次提到了"西瓜"一词,宋代文学家欧阳修在《新五代史·四夷附录》中记载了胡峤前往契丹时首次吃到了西瓜,"契丹破回纥得此种,以牛粪覆棚而种,大如中国冬瓜而味甘"。可见当时已经有了西瓜的称呼。李时珍在《本草纲目》中也有类似的记载:"胡峤于回纥得瓜种,名曰西瓜。则西瓜自五代时始入中国,今南北皆有。"不过近些年有研究证明西瓜传入中国的时间要更早一些,在汉代墓葬中就出土了西瓜种子。

南宋绍兴十三年,礼部尚书洪皓前往金国,回程时带回了西瓜的瓜种,随后西瓜种植逐渐在神州大地上普及开来,到了明朝的时候,西瓜已经成了普通人喜爱的夏日水果。

明朝嘉靖皇帝非常喜欢吃西瓜,却又担心有人会在西瓜中下毒,于是在宫中专门开辟出一块地作为瓜园,派出心腹太监在此值守,嘉靖皇帝只吃瓜园中种出的西瓜,其他地方进贡来的西瓜都被他赏赐给了群臣。

清朝的慈禧太后在吃西瓜的时候只吃中间的瓜心,所以每天要吃几十个瓜,她还命人以西瓜瓤、火腿、鸡丁、松仁、龙眼等材料蒸制西瓜盅,味醇鲜香,清凉解暑,是夏令消暑的佳品。

按照用途不同,西瓜可以分为鲜食西瓜和籽用西瓜,我们平常见到的西瓜都是鲜食西瓜,籽用西瓜顾名思义主要是为了收获瓜子,我们吃到的西瓜子就是从这里来的。

西瓜味道甘美,柔嫩多汁,吃起来清爽解渴,并且富含葡萄糖、苹果酸、果糖、蛋白氨基酸、番茄素及维生素 C 等营养物质,是夏天最受欢迎的水果。

和西瓜一样,甜瓜也是葫芦科的一员,不过在亲缘上来说,甜瓜与黄瓜更接近一些,两者都是黄瓜属的成员。

甜瓜的起源比较复杂,一般认为非洲是厚皮甜瓜的起源地,先传播到中亚地区,然后传入中国的新疆地区,再传入中国内地,而中国则是薄皮甜瓜的起源地,薄皮甜瓜从这里传播到日本、俄罗斯等国家。

中国很早就开始种植甜瓜,《诗经》中有很多相关的诗句,比如"中田有庐,疆场有瓜""七月食瓜,八月断壶""绵绵瓜瓞,民之初生,自土沮漆""有敦瓜苦,烝在栗薪"等,可见当时甜瓜已经在神州大地上得到了广泛的种植。

《吴越春秋》中记载了吴王夫差和甜瓜的故事:"吴王夫差为越所败,遁而去,得自生之瓜食之也。"当时吴王夫差被越王勾践打败之后，逃跑途中发现了甜瓜，这甜瓜并不是别人种出来的，而是"自生"的，也就是野生的甜瓜。

司马迁在《史记》中记载了秦朝的东陵侯召平在秦灭之后种瓜的事情："召平者，故秦东陵侯。秦破，为布衣，贫，种瓜于长安城东，瓜美，故世俗谓之东陵瓜，从召平以为名也。""东陵侯种瓜"成为后世许多文人墨客用来抒发情感的典故。汉末著名诗人阮籍在《咏怀》诗中写道："昔闻东陵瓜，近在青门外。"唐代诗人王维写过"路旁时卖故侯瓜，门前学种先生柳"的名句，宋朝诗人陆游留下了"懒向青门学种瓜，只将渔钓送年华"的诗句。

秦汉时期，甜瓜仍然比较稀有，是贵族钟爱的上等水果。魏明帝曹睿非常喜欢甜瓜，专门写了一首名为《种瓜篇》的诗用来抒发感情，其中有"种瓜东井上，冉冉自踰垣。与君新为婚，瓜葛相结连"的诗句。

随着种植区域的扩大和栽培技术的进步，甜瓜的产量逐渐增加，到了唐宋时期甜瓜已经成为普通人也可以吃到的普通水果。

经过多年的筛选种植，现在甜瓜在中国已经有了许多品种，薄皮甜瓜的常见品种有羊角蜜、绿宝石等，厚皮甜瓜的代表则是产自新疆的哈密瓜。由于新疆的气候特殊，早晚温差大，所以这里出产的哈密瓜甜度极高，肉质细嫩，松脆爽口，入口即化，是中国人最喜欢的甜瓜品种之一。

新疆特殊的地理环境和气候让这里拥有了许多美味的特产，除了产自哈密的哈密瓜，最著名的就是吐鲁番的葡萄了。

葡萄在植物分类学上属于鼠李目葡萄科葡萄属，是一种非常古老的植物，比人类的历史还要悠久得多，在第三纪地层中发现的葡萄化石表明，早在数百甚至数千万年前，野生的葡萄已经遍布欧亚大陆。

根据考古研究，在公元前7000年左右，欧洲、北非及中亚等地区已经开始种植葡萄，在埃及金字塔中就绘有采摘葡萄及酿造葡萄酒过程的壁画。中国种植葡萄的历史同样悠久，早在新石器时代，当时的先民们已经开始采集野生葡萄食用，到了商周时期已经开始出现人工栽培葡萄的葡萄园。

汉代张骞出使西域时，将西域的葡萄种子带回中原，由于该品种的葡萄味道甜美，很快在内地扩散开来，逐渐成为中国人日常食用的水果之一。

葡萄中含有丰富的营养，包括钙、钾、磷、铁等多种矿物质，以及各种维生素及微量元素，还含有多种人体所需的氨基酸。研究发现，葡萄具有一定阻止血栓形成的功效，并能降低人体血清胆固醇水平，对预防心脑血管病有一定作用。

除了作为水果直接食用，葡萄还有一个重要的用途就是酿酒，根据考古研究，人类酿造葡萄酒的历史可以追溯到8000多年前，几乎和人类种植葡萄的历史一样久远。

司马迁在《史记·大宛列传》中记载，张骞出使西域时就见到了当地人酿造、存储葡萄酒，"宛左右以葡萄为酒，富人藏酒万余石，久者数十岁不败"。

隋唐朝时期，中原与西域的贸易往来密切，开始有西域商人将西域产的葡萄酒运到长安进行销售。唐朝贞观十四年，唐太宗命侯君集率兵平定高昌后，得到了葡萄酒的酿造方法。《册府元龟》中记载"及破高昌收马乳蒲桃，实於苑中种之，并得其酒法，帝自损益造酒成，凡有八色，芳辛酷烈，既颁赐群臣，京师始识其味"，其中的"蒲桃"就是葡萄。这是史书中第一次明确记载了内地用西域传来的方法酿造出了葡萄酒。

清洌爽口的葡萄酒给许多诗人带来了丰富的灵感，诗人王翰由此留下了千古名句"葡萄美酒夜光杯，欲饮琵琶马上催"，诗人王心鉴写下了《品葡萄酒》一诗："玄圃撷琅玕，醒来丹霞染。轻拈夜光杯，芳溢水晶盏。豪饮滋佳兴，微醺娱欢婉。与君浣惆怅，莫道相识晚。"

在中国各地都能够种植葡萄，有些水果却需要种植在特定的区域内，否则就会失去原有的风味，其中最有代表性的就是柑橘。我们都听说过"南橘北枳"这个典故，出自《晏子春秋》，原文是"橘生淮南则为橘，生于淮北则为枳，叶徒相似，其实味不同"。

柑橘在植物分类学上属于芸香科柑橘属，中国是柑橘的重要原产地之一，种植柑橘的历史已经超过了4000年。根据考古研究，柑橘最早起源于云贵高原，逐渐扩展到中国的长江流域，在这个过程中筛选、分化出桔、柑、橙、柚等多个品种。

春秋战国时期，柑橘已经是当时重要的水果之一。楚国诗人屈原在《九章·橘颂》中写道："后皇嘉树，橘徕服兮。受命不迁，生南国兮。深固难徙，更壹志兮。绿叶素荣，纷其可喜兮。曾枝剡棘，圆果抟兮。青黄杂糅，文章烂兮。"可见当时柑橘已经在屈原的家乡普遍种植。

西汉时期，司马迁在《史记·苏秦传》中这样记载："齐必致鱼盐之海，楚必致橘柚之园。"司马迁认为楚地的柑橘与齐地的鱼、盐在经济生活中具有同等重要的地位。

唐宋时期，随着种植技术的进步，柑橘的种植面积逐渐扩大，产量也随之增加，成为当时重要的水果。唐代诗人岑参在《郡斋平望江山》一诗中写道："庭树纯栽橘，园畦半种茶。"诗人韦应物也留下了"怜君卧病思新桔，试摘犹酸亦未黄"的诗句。不过由于物流不畅，北方人仍然很难品尝到柑橘的美味。

唐朝时，日本和尚田中间守来中国浙江天台山进香，将柑橘种子带回日本，并在日本鹿儿岛、长岛等地进行种植。15世纪，葡萄牙人将中国甜橙带回欧洲，并在地中海沿岸开始栽培，当地将其称为"中国苹果"。1821年，英国人把金柑带到了欧洲，1892年，美国从中国引进椪柑进行种植，并将其称为"中国蜜桔"。到了今天，柑橘已经遍布全世界，成为许多国家主要的水果产品。

香蕉同样是典型的南方水果，生长区域比柑橘更靠南一些，主要分布在热带、亚热带地区，中国香蕉种植区域主要分布在广东、广西、福建、台湾、云南和海南等地。

在植物分类学上，香蕉属于芭蕉科芭蕉属，根据考古研究发现，中国是香蕉的主要原产地之一，早在春秋战国时期，神州大地已经开始种植芭蕉类植物，也就是香蕉的祖先。不过那时候的芭蕉和我们现在所吃到的香蕉完全不同，果实中满是坚硬的种子，食用起来很不方便，古人种植芭蕉，是因为芭蕉的巨大叶子富含坚固的纤维，可以用来制成各种生活用品，在庄子和屈原的作品中都曾经提到过用芭蕉来编织的事情。

在同一时期，世界其他地区也开始种植香蕉。古埃及出土的陶器上就发现了香蕉的图案，古印度人认为香蕉的金色果实是"上苍赐予人类的智慧之果"，传说佛教始祖释迦牟尼就是吃了香蕉获得了智慧。

经过一代代品种筛选和改良，香蕉的果实变得越来越大，种子越来越小，逐渐成为我们现在所见到的模样。到了今天我们吃到的香蕉，其中的种子只剩下一些针尖大小的黑色颗粒，完全不会影响我们品尝香蕉的美味。当然，这些种子也不会发芽诞生出新的香蕉。虽然香蕉的种子不再具备繁殖能力，但这并不影响香蕉的种植，人们只需要从香蕉树上砍下一根枝条插到地里，用不了多久就能长出一棵新的香蕉树来，这样做的后果就是，所有的香蕉树都是由同一棵香蕉树扦插而来的，它们的基因都是完全相同的，是同一棵树的"克隆体"。

这样的繁殖方式产生了一个很严重的后果：一旦出现某种严重的疾病，所有的"克隆体"都无法抵御，会在很短的时间里遭遇灭顶之灾。这并不是危言耸听，类似的"大灭绝"在现实中发生过一次。在19世纪的时候，世界各地种植的香蕉是一种名为"大麦克"的品种，据说该品种香甜可口、口感绝佳。在1890年，种植"大麦克"的香蕉种植园开始出现一种名为巴拿马病的植物疾病，这种疾病的致病菌对于杀菌剂有很强的耐受性，而香蕉扦插的繁殖方式根本无法产生可以抵抗病毒的植株，蕉农们只能眼睁睁地看着香蕉树大片大片地枯死。由于病菌能在土地中存活几十年，所以发生过巴拿马病的香蕉园在很长一段时间里都不能再种植香蕉。到了1965年，"大麦克"香蕉在巴拿马病的侵袭下彻底灭绝，人们再也吃不到香甜可口的"大麦克"香蕉了。

现在我们所吃的香蕉品种名为"卡文迪许"的香蕉，也叫作"华蕉"，是在清朝末年英国人从中国带到英国的，之后又经过一系列改良，才得到现在广泛种植的品种。经过多年的培育和发展，现在"卡文迪许"香蕉已经成为世界上种植最广泛的香蕉品种，也就是我们今天吃到的香蕉。不过危机仍然没有消失，曾经灭绝了"大麦克"的巴拿马病经过进化，已经具备了侵害"卡文迪许"香蕉的能力。2014年开始,部分香蕉种植园已经开始出现感染巴拿马病的"卡文迪许"香蕉,而"卡文迪许"香蕉也和它的先辈"大麦克"一样对其毫无抵抗之力,在巴拿马病的侵袭下一片片死去。人类也没有能力战胜巴拿马病,只能尽力延缓其扩散的速度,同时艰难地寻找对抗的方法,直到今天仍然没有太好的进展。

这个堪称"种族灭绝"的事件,用残酷的事实提醒了人类,生物多样性是多么重要。

我们喜爱的香蕉会不会在几十年后再次"灭绝"?希望我们和我们的后代最终能够看到一个否定的答案。

比起古人,今天的中国人所能吃到的水果不但数量增加了许多,品种的丰富程度更是天壤之别,而且还在不断增加,许多之前没见过甚至没听说过的水果品种纷纷出现在我们的水果篮子里,这一方面是因为种植技术的不断进步,另一方面也是因为物流体系的飞速发展,更是因为我们生活在一个不断富强起来的国家。

05　千里油飘香

◇ ....

中国古代有"开门七件事，柴、米、油、盐、酱、醋、茶"的俗语，说的是一家人日常生活所必需的东西，其中"油"排在第三位，仅排在"柴"和"米"后面，可见对于普通人来说，油是生活中必不可少的物资，甚至比盐还要重要。人类对于油脂的偏好是刻在基因里的，如果饭菜里没有油的话，我们的身体会本能地抗拒——什么玩意啊，一点都不香！没错，"香"这个词，就是我们的身体对于油脂这种营养物质的本能反应，因为油脂的味道对我们的身体来说代表了可观的能量补给。与此同时，油脂也是人体脂肪酸的来源，是细胞膜的主要组成因子和油溶性营养素的吸收介质。在当今的《中国居民膳食指南》中提出，中国人每天应摄入25克到30克的食用油，不宜过多，也不宜过少。

除了食用，油脂还能用来照明、助燃，甚至用于攻城、守城等军事目的，是一种重要的军事资源。春秋战国之前，油对于普通中国人是很贵重的东西，只有贵族才有资格享用，还被用于祭祀祖先，当时用的油大都以动物油为主，一般是用猪或者其他动物的脂肪进行炼制得到的。动物油脂在常温下一般是固态，所以那时候的动物油都被称为"膏"，《礼记》中有"煎诸膏，膏必灭之"的记录，说的是炸猪油的方法。

到了春秋战国时期，随着杵臼和石磨的发明，人们开始尝试从植物中榨取油脂，当时的人们会用大麻和荏子来提炼食用油。大麻是一种雄、雌分株的植物，古称雄株为枲、牡，其茎皮剥离后可以纺绩织布；雌麻被称为苴，结出的种子称为蕡，可以用来榨油。荏子也叫作苏子，有紫苏和白苏之分，紫苏多为菜用、药用，白苏可食用也可榨取油脂。无论是荏子，还是大麻其出油率都很低，无法成为社会性食用油，所以这个时期人们榨出来的植物油并不是用来食用，而是主要用来照明，吃的仍然是动物油脂"膏"。

直到魏晋时期，植物油才开始逐渐登上人们的餐桌，"油"字也开始替换"膏"字。当时人们制作使用的主要是麻油，也就是用芝麻榨取出来的油。

到了宋朝，植物油已经成为人们重要的日常食品，当时的科学家、政治家沈括在《梦溪笔谈》中这样记载："今之北人喜用麻油煎物，不问何物，皆用油煎。"说的是当时的北方人无论吃什么都喜欢用麻油煎着吃，这里的麻油指的是芝麻油。唐宋八大家之一的欧阳修所写的《卖油翁》不但给后人留下了"无他，但手熟尔"的名句，同时也告诉我们，在当时"街边卖油"已经是一件很普通的事情。

人们把芝麻、花生等用来提取食用油的作物叫作油料作物。到了明朝，人们已经找到了多种不同的油料作物，科学家宋应星在《天工开物》中记载了当时用来榨油的作物："凡油供馔食用者，胡麻、莱菔子、黄豆、菘菜子、苏麻、芸苔子等。"还记载了取油的方法："凡取油，榨法之外，有两镬煮取法以治蓖麻与苏麻，北京有磨法以治胡麻，其余则皆从榨出也。"

到了现代，随着生产技术的进步以及油料作物的大量种植，植物油的产量逐年增加，为我们的饭桌上带来了诱人的馥郁油香。

从古到今，有许多植物被人们用来提取油脂，它们都被叫作油料作物。

大豆是重要的粮食作物，同时也是重要的油料作物，虽然大豆的产油率并不高，只有大约14%至18%，但是因为大豆的巨大产量，所以豆油在世界上占据了十分重要的地位，也是中国人日常食用的植物油之一。

在中国，最古老的油料作物毫无疑问是芝麻。

芝麻

芝麻也叫作脂麻、胡麻，在植物分类学上属于芝麻科芝麻属，是一种一年生草本植物，中国有"芝麻开花节节高"的俗语，既说明了芝麻开花时的形态，也有"日子越过越好"的祝愿。

从胡麻这个名字就可以看出来，中国并不是芝麻的原产地，考古学界曾经普遍认为芝麻起源于非洲，也有人认为芝麻起源于印度，随后传入中亚地区，4000多年前的苏美尔人和巴比伦人已经开始种植芝麻。

关于芝麻何时传入中国，有许多不同的说法，北宋科学家沈括在《梦溪笔谈》中记载说："张骞自大宛得油麻之种，亦唯之麻，故以胡麻别之。"不过这一说法并没有其他的文献支持。随着近年更多文物古迹的发掘整理，考古学家发现早在春秋战国时期中国已经有芝麻种植的痕迹，可见中国种植芝麻的历史远远早于汉代。成书于汉代的《神农本草经》中有这样的记录："胡麻又名巨胜，生上党川泽，秋采之。"可见当时人们对于芝麻已经有了一定的认识。

在榨油技术普及之前，芝麻被人们当作粮食来食用，秦汉时期的人们将其与稻、粟、黍、稷等主粮并列。

到了魏晋时期，榨油技术逐渐开始普及，人们开始从芝麻中榨取麻油，不过当时的麻油还很少用来食用，基本上都用作照明，还在战争中作为引火用的燃料。在《三国志》中记载了满宠用芝麻油作战的经过："宠驰往赴，募壮士数十人，折松为炬，灌以麻油，从上风放火,烧贼攻具,射杀权弟子孙泰。"《晋书·王濬传》中也记载了王濬用麻油燃火破敌的情形:"濬乃作大筏数十,亦方百余步,缚草为人,被甲持杖,令善水者以筏先行,筏遇铁锥,锥辄著筏去。又作火炬,长十余丈,大数十围,灌以麻油,在船前,遇锁,然炬烧之,须臾,融液断绝,于是船无所碍。"能够用长十余丈的麻油火炬烧断铁锁链,可见当时芝麻和麻油的产量都已经非常大了。

西晋博物学家张华在《博物志》中记载了煎制麻油的方法:"煎麻油,水气尽,无烟,不复沸则还冷,可内手搅之。得水则焰起,散卒不灭,此亦试之有验。"

北魏农学家贾思勰在《齐民要术》中记载了用麻油炒鸡蛋的过程:"打破,著铜铛中,搅令黄白相杂。细军葱白,下盐米,浑豉。麻油炒之,甚香美。"短短数字,香气似乎已经扑面而来。

芝麻的出油率非常高,最高能达到60%左右,是一种优秀的油料作物。随着其他油类作物的发现和广泛种植,人们对于植物油的选择变得更加多样化,但芝麻油始终在我们的餐桌上占据着一席之地,不过因为芝麻油的香气太过浓郁,现在一般不将其用来炒菜,而是用作增加饭菜香味的调味料,所以现在芝麻油也被叫作香油。

除了用来榨油,芝麻也是一种重要的烹饪原料,用来制作糕点、面食、芝麻糊等食品,或者加入菜肴中用作调味,芝麻制成的芝麻酱是吃火锅时不可或缺的重要调料。营养学家认为芝麻的营养非常丰富,常吃有美容护肤、减肥塑身的功效。

和芝麻一样,花生也是重要的油料作物,我们现在家里炒菜用的大都是花生油。

花生也叫作落花生或者长生果,和大豆一样也是豆科植物。和其他豆科植物相比,花生在开花授粉之后,花柄会伸长进入土中,果实在土中生长、成熟,"落花而生",这也是落花生这个名字的由来。

很多人应该还记得在小学的语文课本中《落花生》这篇散文,作者许地山用花生来映照人生,写出了他对生命意义的追寻和独特理解,给我们留下了许多受益终身的启示。

关于花生的起源，目前还有许多争议。有些研究认为花生原产于美洲的热带、亚热带地区，证据是在 1492 年哥伦布抵达美洲之后，随后来到美洲的西班牙官员记载了印第安人已经在大量种植花生。不过在 20 世纪 50 年代，中国考古工作者在新石器时代的遗址中发现了碳化花生种子，证明中国在数千年前已经开始种植花生。关于花生的起源和传播路径，还需要更多更深入的研究。

花生传入中国的时间大约在公元 15 世纪末到 16 世纪初，当时明朝正在实施海禁，只有少量走私商人还在与海外进行着贸易，花生就是他们带到中国的。明孝宗弘治十五年（1502），《常熟县志》中有这样的记载"三月栽引蔓不起长，俗云：花落在地，而生长土中，故名"，这是中国关于花生种植的最早记载。最初花生只在沿海各省种植，随后逐渐扩散到了全国，成为中国最重要的油料作物之一。

花生是一种几乎完美的油料作物，出油率高达 45% 至 50%，而且花生中富含对人体有益的油酸，具有降低血脂及有害胆固醇的作用。中国是世界上最大的花生油生产、消费国，中国家庭日常炒菜用的大都是花生油，特殊的油香味成为许多人心目中"家的味道"的重要组成部分。

除了用来榨油，花生还可以做成多种菜肴，比如水煮花生、油炸花生、酱香花生等，是很多地方用来下酒的家常小菜。花生还是一种价廉物美的零食，五香花生、奶油花生、椒盐花生……大人孩子们嘴馋的时候都可以拿来解馋。

菜籽油同样是中国人常吃的食用油之一，来自油菜的种子，也就是油菜籽榨出的植物油脂。

油菜在植物分类学上属于十字花科芸薹属，和白菜是近亲。根据考古学研究，油菜的起源地在欧洲，所以也叫作"欧洲油菜"。这是一个非常"年轻"的物种，人们在自然界中还未发现它的野生种质资源，对于其起源和进化路径有许多争议，一般认为欧洲油菜诞生于约 7000 年前，欧洲油菜由地中海地区白菜品种里的欧洲芜菁，和甘蓝品种里苤蓝、花菜、西兰花、中国芥蓝等 4 种甘蓝杂交而成，随后开始以蔬菜或油料作物的形式为人类所用。

中国很早就有种植油菜的记录，中国古代的油菜被称为芥子、蜀芥、芸苔等，不过当时的油菜主要作为蔬菜食用。唐代时，人们发现芸苔种子可以榨油，在《唐本草》中有相关的记载。不过由于此时油菜籽的出油率比较低，所以在很长时间里都不是中国的主要油料作物。

直到20世纪30年代左右，欧洲油菜进入中国，这种油菜的籽粒产量高、含油量高，而且具有良好的抗病性，所以很快就在中国推广开来，50年代后逐渐代替了白菜型和芥菜型油菜，成为中国种植最广泛的油菜类型，也成了中国最重要的油料作物之一。

油菜的花朵呈现鲜亮的黄色，每到油菜开花的季节，油菜田里就成了一片美丽的金黄色花海，是许多地方用来吸引游客的重要旅游资源。

油菜是重要的油料作物，在世界各地广泛种植，种植面积仅次于大豆，位居世界第二位。除了作为油料作物，油菜还可以作为蔬菜或者动物饲料来使用，与此同时，油菜榨取的菜籽油属于一种可再生的燃料，而且燃烧时对空气的污染较低，所以也可以作为生物燃料使用，成为一种优秀的绿色能源。菜籽油还用于制造润滑剂、润滑脂、清漆、肥皂、树脂、尼龙、塑料、驱虫剂、稳定剂和药品等产品，是一种重要的工业原料。

虽然菜籽油和豆油产量巨大，不过说到目前世界上产量最大的植物油，毫无疑问应该是棕榈油，它同时还是消费量、国际贸易量最大的植物油。

提到棕榈油，大多数中国人可能会感觉比较陌生，因为我们在厨房和超市里都很少见到棕榈油的身影，其实我们日常吃到的棕榈油并不少，基本上街边出售的油炸食品都是用棕榈油炸制的，很多糕点、零食在制作时也会用到棕榈油。

棕榈油也叫作棕油、棕皮油，是从油棕树出产的油棕果中提取出来的。在植物分类学上，油棕属于棕榈科、油棕属，是一种高大的直立乔木，喜欢高温、湿润、强光照的环境和肥沃的土壤，成熟后的高度超过10米，叶子像一片片巨大的羽毛。

油棕原产于非洲西海岸，是当地重要的油料作物，欧洲殖民者到达非洲后，棕榈油开始作为工业原料出口到欧洲，用于制作蜡烛，还作为机械润滑油使用。19世纪，油棕被引入东南亚的马来西亚、印度尼西亚、菲律宾等国，随后逐渐开始在当地大量种植，到了20世纪80年代，东南亚的油棕种植面积和棕榈油的产量都已超过非洲。随着产量的增加，棕榈油逐渐成为世界上重要的食用油之一，在国际市场上占据了重要位置。目前马来西亚和印度尼西亚是全球主要的棕榈油生产国，这两个国家的棕榈油产量占全球产量的80%以上。

中国大部分地区的气候并不适合油棕生长，20世纪初，中国从马来西亚引入油棕，开始在海南岛进行种植，后来逐渐扩展到台湾、云南、广西、福建、广东等地区，但由于受气候等自然条件限制，油棕的种植规模和产量都比较小。随着中国经济的高速发展，对于食用油的需求迅速增加，中国开始大量进口棕榈油，目前已经成为全球第一大棕榈油进口国。

棕榈油中富含胡萝卜素，呈深橙红色，在阳光和空气作用下，棕榈油会逐渐脱色，常温下呈半固态，略带甜味，具有令人愉快的紫罗兰香味，稳定性较好，不容易发生氧化变质，烟点高，所以很适合用于烹饪油炸食品，同时被广泛用于食品加工行业。

在棕榈油、豆油和菜籽油之后，世界上消费量排名第四的植物油是葵花籽油。所谓葵花籽就是向日葵的种子，中国人一般也将其称为瓜子，虽然它和"瓜"并没有什么关系，之所以这么叫，大概是因为它和西瓜籽、南瓜籽一样，经过炒制之后就成了我们日常喜闻乐见的零食。

从葵花籽中提取的植物油就是葵花籽油，这种植物油色泽金黄、清明透亮，散发出诱人的清香，含有丰富的亚油酸，以及甾醇、多种维生素、胡萝卜素等多种对人类有益的物质，能够降低人体的胆固醇，起到防止血管硬化和预防冠心病的作用，所以被誉为"保健佳品""高级营养油""健康油"。

除了这些常见的植物油外，随着生活水平的逐渐提高，中国人对于油的需求也逐渐多样化，许多过去很少见到的植物油也开始出现在人们的餐桌上，比如橄榄油、茶油、棉籽油等，我们可以根据个人的喜好和需求来选取自己喜欢的植物油。每个人体质不同，没有所谓最好、最健康的植物油，适合自己的才是最好的。

06 舌尖有滋味

虽然说"民以食为天",但只是填饱肚子远远没法让人们满足。在达成了基本的"吃饱"这一需求之后,人们开始向"吃好"这一目标发起冲击。

想要吃得好,就得让饭菜"有滋有味",这就需要调味料闪亮登场了。

盐是最基础的调味料,赋予了饭菜"咸"的味道,盐主要来源于矿井或者海滩,跟种植关系不大,在这里我们就不多做介绍了。

对于远古的人类来说,甜味代表了糖分,意味着身体能够获得高效的能量补充,所以追求甜味是烙印在我们基因里的本能,不过与源于自然、分布广泛的"咸"不同,"甜"的味道在很长一段时间里对于人类来说都是比较奢侈的存在,古人们只能在野生蜜蜂采集的蜂蜜中寻找到相对比较纯粹的甜味。直到有一天,人们发现从某些植物上也可以品尝到"甜"的滋味,"甜"才开始有了稳定的来源,人们把这些植物中提炼出的甜味精华称为糖,这些作物也有了一个新的称呼——糖料作物。

甘蔗是人类最早开始种植的糖料作物,根据考古学研究,人类种植甘蔗的历史已经超过了 8000 年。甘蔗最早出现在新几内亚的岛屿上,随后被带到印度,接着传播到东南亚的岛屿。

甘蔗

周朝时期，甘蔗传入中国南方，开始在现今的广东、广西一带进行种植。

随后的数百年间，甘蔗在中国的种植范围逐渐扩大，到了春秋战国时期，甘甜爽口的甘蔗汁已经成为贵族们最喜欢的饮料之一。楚国诗人屈原在《楚辞》中有"胹鳖炮羔，有柘浆些"的句子，这里的"柘"指的就是甘蔗，"柘浆"就是甘蔗中榨出来的甘蔗汁。《汉书》中的《景星》一篇中有"百末旨酒布兰生，泰尊柘浆析朝酲"的句子，其中的"柘浆"同样指的是甘蔗汁。

汉代的文献中开始出现"蔗"字，并且开始用甘蔗汁制作蔗糖。张骞出使西域时，带回了熬煮甘蔗汁制糖的方法，经过本地化的改良，汉朝时人们发明了用阳光暴晒来制糖的方法。

到了元朝时期，中亚地区的制糖技术传入中国，通过在甘蔗汁中加入草木灰去除杂质，制造出了更加纯净的白糖。明朝时，"黄泥水淋糖法"开始广泛应用，依靠黄泥的吸附性去除糖中的杂质来得到比较纯净的白糖。

中医认为甘蔗及从中制得的糖是滋补佳品，李时珍在《本草纲目》记载："蔗，脾之果也，其浆甘寒，能泻火热。煎炼成糖，则甘温而助湿热，所谓积温成热也。"

相对于中国人发现蔗糖的温和历史，欧洲人追求白糖的历史要血腥得多。

16、17世纪，欧洲的殖民者来到印度，在这里发现了甘蔗和糖，对于他们来说，这是足以令人疯狂的美味，欧洲殖民者开始疯狂地掠夺印度的蔗糖,将其运回欧洲获得惊人的利润。

到了18世纪,印度出产的蔗糖已经满足不了欧洲殖民者日益增长的需求,他们把贪婪的目光投向了美洲大陆。随着越来越多的印第安人被杀死、驱逐,一座座规模庞大的甘蔗种植园出现在美洲大陆,为了获得种植甘蔗的人手,欧洲殖民者开始从非洲大量贩卖黑人奴隶到美洲,再把种植园出产的蔗糖运回欧洲高价出售,这就是臭名昭著的"黑三角贸易"。黑人奴隶的累累尸骨造就了种植园的繁茂,沾满了血腥的白糖为欧洲人的餐桌添加了甜美的滋味。

到了现代,随着种植技术的提高和文明的进步,黑人奴隶已经消失在历史中,不过这段历史却永远不会被忘记。

带有甜味的植物很多,能够作为糖料作物进行大规模种植的植物却很少,除了甘蔗外,甜菜是另外一种重要的糖料作物。

在植物分类学上,甜菜属于藜科甜菜属,也叫作菾菜、红菜头,看起来和红萝卜有点像,都有一个圆滚滚的红色肥硕根茎。

考古研究发现甜菜起源于地中海沿岸,人类种植甜菜的历史非常悠久,早在4世纪就已经有人工种植的甜菜品种,而且开始分化成白甜菜和红甜菜两类,随后逐渐传入高加索、亚细亚、东部西伯利亚、印度、中国和日本,直到18世纪,甜菜都是作为蔬菜出现在人们的餐桌上的。

1747年,德国普鲁士科学院院长马格拉夫发现甜菜的根茎中含有蔗糖,随后他的学生阿哈德对甜菜进行了一系列人工选择,终于在1786年培育出了含糖较高的甜菜品种。1802年,世界上第一座采用甜菜为原料的制糖厂在德国建立起来,随后逐渐推广到全世界。

1906年,中国开始引入甜菜并进行大面积种植,用于为制糖厂提供原料。1908年,东北地区建立了第一座机制甜菜糖厂,随后甜菜种植逐渐向全国推广。中国的甜菜主产区在北纬40°以北,其中东北的甜菜种植区域约占中国甜菜总面积的65%。相比于甘蔗,甜菜更适合中国北方的气候,所以我们日常吃到的白糖很多都是产自甜菜。

随着生活水平的提高,甘蔗、甜菜生产出来的蔗糖已经没法满足人们对于"甜"的需求,科技的进步让人们找到另外一个解决办法,采用玉米淀粉进行水解和异构化,最终得到的是果糖、葡萄糖组成的混合物,被称为"果葡糖浆"。果葡糖浆的甜度和蔗糖类似,而且更容易溶于水,所以广泛应用于食品加工领域,比如我们在碳酸饮料、果汁、奶茶、或者冰激凌中品尝到的"甜"大都是果葡糖浆带来的。

虽然"甜"是人类最喜欢的滋味,不过摄入过多的糖分对于我们的身体并不是一件好事,可能会引起肥胖、痛风、内分泌失调等一系列健康问题,对甜味的上瘾是让现代人十分头疼的问题。

除了"甜"之外,最让人上瘾的味道大概就是"辣"了。其实从科学角度来说,"辣"并不是一种味道,而是一种混合了灼热、疼痛的复合感觉。从植物的角度来说,"辣"其实是一种自我防卫机制,防止自己被天敌吃掉,不过到了人类这里却成了令人胃口大开的美味。

在古代的中国,人们将辣味称为"辛",将其与"酸、甘、苦、咸"并列为五味之一,《黄帝内经》中就有"在窍为鼻,在味为辛"的记述。

提到辣味,我们首先想到的就是辣椒,那火红的色泽、辛辣的口感让人欲罢不能,只是想象一下都仿佛会让口水忍不住流下来。

辣椒

辣椒在植物分类学上属于茄科辣椒属,原产于美洲大陆,考古发现早在公元前 5000 年左右,南美洲就已经有辣椒种植的痕迹,辣椒是当时玛雅人重要的农作物之一。哥伦布抵达美洲之后,很快就发现了这种神奇的植物,并将其带回了欧洲,随后逐渐风靡了整个世界。

明朝末年,辣椒从东南亚传入中国,开始在云南、广西、湖南等地进行种植,与此同时,辣椒也通过丝绸之路传入新疆、陕西、甘肃等地区。在明朝戏曲作家高濂所著的养生书籍《遵生八笺》中就有关于辣椒的描述:"番椒丛生,白花,果俨似秃笔头,味辣色红,甚可观。"不过此时的辣椒还是作为观赏植物出现的。

到了清朝初期,辣椒的种植范围逐渐扩展到整个中国,辣椒开始作为蔬菜和调味料登上中国人的餐桌。康熙年间的《思州府志》中记载:"海椒,俗名辣火,土苗用以代盐。"康熙年间贵州巡抚田雯在《黔书》中也提到"椒之性辛,辛以代咸,只逛夫舌耳,非正味也。"可见当时的人们已经开始食用辣椒,不过还局限在偏远落后的少数民族聚居地区,用来代替盐作为调味品。

经过多年的发展,辣椒分化出了许多不同的品种,已经成为中国人餐桌上不可或缺的重要组成部分。

辣椒含有丰富的营养,每百克新鲜的辣椒中含有高达 198 毫克的维生素 C,还有丰富的维生素 B、胡萝卜素及钙、铁等矿物质,辛辣的口感可以刺激口腔黏膜、促进唾液分泌、增强食欲,还可以引起胃的蠕动,起到促进消化的作用。除此之外,辣椒还具有缓解胸腹冷痛、防痢止泻、灭杀寄生虫、缓解血管硬化的作用,对保持健康具有一定的积极意义。

不过辣椒的刺激性比较强,食用过量会对人体造成危害。过多的辣椒素会剧烈刺激胃肠黏膜,使其高度充血、蠕动加快,引起胃疼、腹痛、腹泻,从而诱发胃肠疾病,过量食用辣椒还会导致肛门烧灼刺疼,引起痔疮出血的症状,所以患有食道炎、胃肠炎等胃肠疾病以及身患痔疮的人,应该少吃或忌食辣椒。

在辣椒进入中国之前,中国人是不是就没法品尝到"辣"的滋味了呢?答案当然是否定的,古代的中国也有自己的辛辣调味料,在晋朝时期周处编著的《风土记》中记载了"三香,椒、樘、姜",这里的"三香"就是当时中国人常用的辛辣调味料,其中的"椒"指的是花椒,"樘"指的是茱萸,"姜"就是我们今天熟悉的姜,这三者构成了中国古代调味的"铁三角"。

在植物分类学上,花椒属于芸香科花椒属,是一种小型的落叶乔木,树枝上有许多锋利的尖刺,根据果实颜色的不同,可以分为青花椒、红花椒两类。

花椒原产于中国的喜马拉雅山脉地区,沿着长江顺流而下,逐渐传播到了中国的大部分地区。中国的花椒历史非常久远,《诗经》中就有许多关于花椒的诗句,比如"视尔如荍,贻我握椒""有椒其馨,胡考之宁""椒蓼之实,繁衍盈升"等。

除了用来调味之外,古人认为花椒的香气可以驱邪,还认为花椒有"多子"的含义,所以还用花椒和泥来涂抹房屋的墙壁。"驱邪""多子"的功效虽然是迷信,不过花椒特有的刺激味道的确可以驱散各种蛇虫鼠蚁。花椒在当时非常昂贵,以其作为建筑材料毫无疑问是非常奢侈的行为,恐怕只有富贵人家才能做到。在汉代,皇后居住的宫殿被命名为"椒房殿",《汉书·董贤传》中有这样的记载:"又召贤女弟以为昭仪,位次皇后,更名其舍为椒风,以配椒房云。"后人为其注释:"皇后殿称椒房。欲配其名,故云椒风。"所以后来"椒房"也作为皇后的代称,白居易在《长恨歌》中有"梨园子弟白发新,椒房阿监青娥老"的诗句。

从古到今,中国各地的人们都将花椒作为调味料,不过要说将花椒运用到极致的,肯定得算是四川人。鲜花椒、干花椒、花椒面、花椒油、刀口花椒……四川人将花椒与其他调料搭配,调制出各种各样的复合味型,让平平无奇的食材变成令人惊艳的美味。川菜能够风靡全国,花椒绝对功不可没。

经过数千年的时光,花椒现在仍然是中国人餐桌上不可或缺的调味料。相比之下,茱萸的运气就不太好了,现在中国人绝大多数都没有尝过茱萸的滋味,甚至根本没见过,对茱萸的了解仅来自《九月九日忆山东兄弟》中的"遍插茱萸少一人"。

茱萸也叫作越椒、艾子,在植物分类学上属于山茱萸科山茱萸属,是一种落叶小乔木,果实呈现鲜红的椭圆形,看起来非常可爱。按照品种不同,茱萸可以分为吴茱萸、山茱萸、食茱萸、草茱萸等品种,作为辣味调料的主要是食茱萸。

在辣椒传入中国之前,茱萸一直在为中国人的餐桌提供"辣"的味道,明代李时珍在《本草纲目》中就有茱萸相关的记载:"味辛而苦,土人八月采,捣滤取汁,入石灰搅成,名曰艾油,亦曰辣米油。味辛辣,入食物中用。"

除了用来调味,古人还把茱萸作为祭祀、佩饰、药用、避邪之物,从汉代开始,人们在每年九月九日重阳节头插茱萸出游登高,饮菊花酒、食蓬饵,所以重阳节也被古人称为登高节、茱萸节、茱萸会。

随着辣椒传入中国并迅速扩散开来,茱萸作为辣味调料的地位逐渐下降,最终退出了人们的餐桌。

和只存在于传说中的茱萸不同,"三香"中的姜仍然活跃在厨房和餐桌上,并且和葱、蒜组成了"搭档",成为众多菜肴中不可或缺的"黄金配角"。

姜也叫作生姜、白姜、川姜,是一种多年生草本植物,在植物分类学上属于姜科、姜属,根茎肥大且有刺激性的香气。

中国是姜的原产地,把姜作为食材的历史非常久远,传说神农尝百草的时候就曾经吃到过姜。

春秋战国时期,姜已经登上了人们的餐桌。《论语》中记载了孔子的话:"不撤姜食,不多食",意思是孔子每顿饭都要吃姜,但是不多吃。朱熹在给《论语》注释时写道:"姜,通神明,去秽恶,故不撤。"可见当时姜已经是人们喜闻乐见的调味料了。

到了汉代,姜除了作为调味料,也被当作中药来使用,具有发汗解表、温中止呕、温肺止咳、清热解毒等作用,适用于外感风寒、头痛、痰饮、咳嗽、胃寒、呕吐等病症。《神农本草经》中记载:"干姜,味辛温,主胸满咳逆上气,温中止血,出汗,逐风湿痹,肠澼下痢,生者尤良,久服去臭气,下气,通神明,生山谷。"现在有些人治疗感冒喜欢用姜丝可乐这个偏方,算是"中外结合""洋为中用"了。

炒菜的时候,葱、姜、蒜经常同时登场,葱虽然味道辛辣,可以作为调料,不过一般将其归类为蔬菜,而蒜则和姜、辣椒一样,是中国人餐桌上最常见的辣味调料之一。

在植物分类学上，蒜属于百合科葱属，是一种多年生草本植物，跟其他葱属的作物相比，蒜最有特色的是根部聚集在一起的蒜瓣，当然也有独头蒜。

今天我们吃到的蒜起源于西亚和中亚地区，种植历史非常悠久，4000多年前的苏美尔人就开始种植蒜，当时中亚地区人们的日常食谱中经常能看到大蒜的身影。除了用来食用之外，当地人还将其作为圣物，在宗教仪式中将蒜汁涂抹在身上或擦洗婴儿的身体，用来驱散邪恶、消灾祈福。直到今天，在西方文化中蒜仍然具有驱逐邪恶的象征意义。

埃及种植蒜的历史同样非常悠久，在公元前2560年胡夫金字塔中出土的碑文上就有关于蒜的记录，当时修建金字塔的奴隶吃掉了数量庞大的蒜、萝卜和洋葱，如果蒜的供应不足，奴隶们甚至会因此拒绝工作。

西汉时期，张骞出使西域，在当地品尝到了用蒜制作的菜肴，感觉十分美味可口，回程时便将大蒜种子带回了中原地区，因蒜来自西域，所以当时将其称为"胡蒜"。

蒜具有独特的香味，而且使用不同的处理方法会散发出不同的蒜香，是厨房中最常见的调味品之一。蒜含有多种维生素和微量元素，具有很高的营养价值。蒜里还含有天然的抗生素——大蒜素，具有很强的杀菌能力，能抑制和杀灭多种病菌，如肺炎链球菌、结核杆菌、伤寒杆菌等，是一种天然的"抗生素"，对于部分胃肠道感染病有很好的治疗效果。

除了以上提到的调味品之外，大厨们做菜的时候还会用到许多种调味料，比如胡椒、八角、丁香、肉豆蔻、桂皮、茴香等，虽然用量不多，却能够给食物带来多种多样的辛香味道。在历史上，这些调味料曾经被统称为香料，是欧洲贵族们为之疯狂的重要资源。因为欧洲整体气候比较寒冷，并不适合香料作物的生长，所以欧洲的贵族们需要通过与东方的贸易来获取香料。在中世纪的欧洲，贵族宴会上绝对不能没有用香料烹饪出来的食物，这是贵族身份和实力的象征。除了用于烹饪，香料在宗教上也有十分重要的地位，宗教人士会用香料和油脂制成香膏，用于驱邪赐福等宗教仪式。

对于当时的欧洲人来说，香料就代表了财富，当陆上的香料贸易被奥斯曼帝国垄断之后，为了能够从海上抵达"遍地香料的神秘东方"，欧洲的探险家们纷纷开始造船出海，轰轰烈烈的"大航海时代"由此开启。

07 纺线成衣衫

在这个世界上,所有人都离不开"衣食住行"这四件事,其中的"衣"还排在"食"前面,可见其重要。

很久很久以前,人类的先祖从树上下来到地面开始直立行走,随后逐渐褪去了体表浓密的毛发,为了在气温较低的时候给身体保暖,他们开始试着把兽皮、树叶穿在身上,这就是最早的"衣服"。

随着人类文明的进步,人们逐渐掌握了编织这门技术,开始用植物的韧皮编织出各种日常用品,当编织技术发展到一定程度之后,人们开始将动物毛发或者植物纤维连接在一起纺成线,又将线纵横交错交织在一起,就变成了布料,再经过裁剪、缝合等一系列工序,就成了人们穿在身上保暖遮羞的衣服。

"麻"是中国人最早用来编织的原材料,古人所说的"麻"其实是许多麻类植物的统称,包括苎麻、黄麻、青麻、大麻、亚麻、罗布麻和槿麻等。

早在新石器时代,中国人就已经学会用麻来编织衣物。在陕西、甘肃等地出土的新石器时期墓葬中都曾经发现带有布纹的陶器,位于浙江湖州的钱山漾遗址还曾经出土过麻布的衣物,表明当时的人们已经具有很高的编织水平了。

商周时期,麻一直是人们用来编织的主要原材料,《诗经》中有"麻衣如雪""丘中有麻"等诗句,可见当时麻及其制品已经被普遍应用在人们的生活中。

春秋战国时期,麻织品的生产技术发展很快,编织出来的麻布已经十分精美,当时的权贵经常将精美的麻织品当作贵重礼品赠送。《左传》中就有襄公二十九年时齐国宰相晏婴与郑国宰相子产互相赠送礼物的记载:"聘于郑,见子产,如旧相识,与之缟带,子产献纻衣焉。"其中的"纻衣"就是用苎麻编织成的衣物,是当时郑国的名贵特产。

汉朝时期,麻织品的生产已经非常普遍,成为当时妇女的重要工作,麻的产量也得到了极大的增长。湖南长沙马王堆汉墓和湖北江陵秦汉墓都曾经出土过大量精美的麻纺织品。

唐宋年间,麻织品的生产技术得到了进一步发展,出现了多锭大纺车,能够将加、捻、卷、绕等多种工序同时进行,极大地提高了生产效率。宋代文人周去非在其编著的《岭外代答》中记载:"民间织布,系轴于腰而织之,其欲他干,则轴而行,或意其必疏数不均,且甚慢矣。及买以日用,乃复甚佳,视他布最耐久,但其幅狭耳。原其所以然,盖以稻穰心烧灰煮布缕,而以滑石粉膏之,行梭滑而布以紧也。"其中所说的"布",指的就是麻布。

到了明清时期,随着棉花在中国逐渐推广,麻的地位开始逐渐下降,但在很多地区仍然有麻布生产。

相比于其他植物织品,麻织品具有良好的吸湿、透气的功能,而且传热快、质地轻、防虫防霉、不易起静电、不易污染,还具有一定屏蔽紫外线和抑制细菌的功能,但是缺点也很明显,比如弹性、抗皱性、耐磨性相对较差,穿在身上会有刺痒感等,不过随着科技的进步,麻织品的天然缺陷已经得到了极大的完善,重新成为人们追捧的衣物材料。

现在麻织品在日常生活中仍然很常见,不过人们身上穿的衣服更多的是由棉布制成的。科学地说,我们常见的棉花其实并不是花,而是锦葵科棉属植物的种子纤维。

根据考古学研究,棉花起源于非洲,祖先是名为非洲木棉的植物,随后逐渐扩散到全世界,分化成亚洲棉、非洲棉和美洲棉等品种。

棉花属于亚热带植物，对生长环境的要求非常严格，生长期内环境的温度不能低于 10 ℃，还需要充足的光照和大量的水资源。

早在唐代以前，棉花已经从中亚沿着丝绸之路来到了今天的新疆地区。唐初姚察编撰的《梁书》中就有关于高昌国种植棉花和用其织布的记载："草实如茧，茧中丝如细，名为白叠子。国人多取织以为布，布甚软白。"高昌国位于今天新疆的吐鲁番市，可见当时在这里已经有棉花种植，而且已经开始用棉花织布了。

到了宋元时期，东南亚地区的棉花从海路进入中国，开始在沿海地区进行种植，随后扩展到长江三角洲和内陆。《王祯农书》中有这样的记述："一年生棉，其种本南海诸国所产，后福建诸县皆有，近江东、陕右亦多种，滋茂繁盛，与本土无异。"当时，元朝政府在浙东、江东、江西、湖广、福建等地区专门设置了名为"木棉提举司"的机构，用于监督棉花的种植及布匹的织造和征收。

宋末元初，松江府有个名叫黄道婆的女子，幼年时给大户人家做童养媳，因为不堪婆家虐待而出逃，一路向南抵达了海南岛，在这里跟当地的黎族人学会了种植棉花及纺线织布的技巧。后来黄道婆年纪大了，想要落叶归根，便回到了松江府老家，同时她还带回了棉花的种子，并把种植棉花和纺线织布的技术也带了回来，随后还对纺织技术进行了许多改良。在黄道婆的努力下，中原地区的人们开始穿上了柔软的棉布衣衫，松江府逐渐成为中国棉纺织业的中心。为了纪念黄道婆的功绩，人们将其奉为中国纺织行业的祖师。

松江地区出产的棉布不但工艺精美，而且物美价廉，因此很快替代了丝绸，成为中国在明、清时期重要的出口产品，甚至远渡重洋出口到了欧洲。根据考古研究，清朝嘉庆年间，松江布每年的出口量都高达数百万匹。

今天的上海市，就是当年松江府的所在。1929 年 1 月，上海市社会局曾经评选市花，评选过程中总计收到了 17000 多张选票，棉花得到了其中的 5496 张，最终名列榜首当选为上海的市花，直到 1986 年才被白玉兰取代。

如今，中国最大的棉花产区在新疆，这里同样也是世界最大的棉花产区。新疆的地理条件得天独厚，土质呈弱碱性，夏季昼夜温差大，阳光照射时间长，因此新疆产出的棉花具有纤维长、品质好、产量高的特点，是世界上最优秀的棉花产品之一。与此同时，新疆大量采用无人机、播种机、收割机等智能机械，在北斗系统的辅助下极大地提升了工作效率，并且降低了人员的劳动强度。2021年度新疆生产棉花高达520万吨，占国内棉产量的87%。

和棉、麻直接用植物的纤维进行纺织不同，虽然丝绸与桑树这种植物关系密切，不过桑树不能直接产生出丝绸来，而是需要经过一番转化，这转化的关键就是名为蚕的小动物，所以在很多时候，"桑蚕"或者"蚕桑"都会作为一个词同时出现。在整个中国的历史上，丝绸占据了十分重要的地位，与中华民族的命运纠缠在一起，见证了这个民族的兴起、强盛、衰落和复兴。

养蚕需要先种桑。桑树在植物分类学上属于桑科、桑属，是一种高大的落叶乔木，原产中国中部和北部。桑树的用途很多，木材可以用来制作各种家具，枝条可以作为编织的原料，树皮可以用来造纸，桑树的果实名为桑椹，既可以当作水果食用，也可以用来酿酒。不过说到桑树最重要的作用，肯定是为蚕提供生长的粮食——桑叶。

吃桑叶的蚕被称为桑蚕，也叫作家蚕，是一种鳞翅目昆虫的幼虫，它们将桑叶作为食粮，成长到一定阶段之后开始吐丝结茧，将蚕茧经过缫丝、纺线、编织、染色等工序，就成了轻柔华丽的丝绸。除了桑蚕之外，还有以其他植物叶子为食的蚕类，比如以柞树叶为食料的柞蚕、以蓖麻叶子为食的蓖麻蚕等，虽然这些蚕都可以吐丝结茧，不过丝的质量比桑蚕要差很多，所以无论是中国还是世界上其他的国家，生产丝绸的原料都来自桑蚕。

中国制造、使用丝绸的历史非常悠久，根据考古学研究，早在新石器时期，当时神州大地的先民们就已经开始养蚕、取丝、织绸。考古学家曾经在仰韶文化遗址中发现了半个蚕茧，证明当时的人们已经开始养殖蚕了。

传说中轩辕黄帝的妻子嫘祖发明了养蚕、抽丝、编绢的技术，被后人奉为"先蚕"圣母。与李白并称为"蜀中二绝"的唐代文人赵蕤在《嫘祖圣地》碑文中写道:"嫘祖首创种桑养蚕之法,抽丝编绢之术,谏诤黄帝,旨定农桑,法制衣裳,兴嫁娶,尚礼仪,架宫室,奠国基,统一中原,弼政之功,殁世不忘。是以尊为先蚕。"

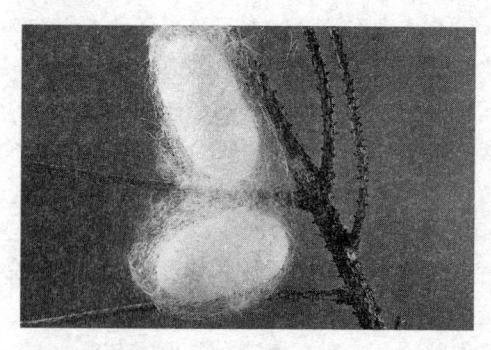

桑蚕茧

商周时期,随着制造技术的进步,蚕桑的规模逐渐扩大,开始成为当时生产活动的重要组成部分,还出现了提花等先进的工艺,丝绸生产的专业化分工更加明显,有些技术世代相传,达到了相当高的水平,丝绸的花色品种也丰富起来,细分出绢、绮、锦三个品类。其中锦的出现是中国丝绸史上的一个重要的里程碑,它把蚕丝的优秀性能和美学结合起来,不仅是高贵的衣料,而且是艺术品,大大提高了丝绸产品的文化内涵和历史价值,对中国的文化有十分深远的影响。

秦汉时期,随着中国对周边国家影响力的迅速扩大,中国与其他国家的丝绸贸易达到空前繁荣的地步,使得神州大地和周边国家特别是西域诸国的经济、文化交流得到了长足的发展,形成了著名的"丝绸之路"。丝绸之路从长安出发,经过甘肃、新疆,横穿中亚、西亚,最终抵达欧洲。沿着这条路,中国的蚕丝与丝绸源源不断地向西输送,丝绸的生产技术也在这一时期传播到中亚地区。

在丝绸之路上,丝绸所代表的并不仅是一种作为服装原料的商品,还承担着重要的货币功能,对当时的中国来说,丝绸就是货币本身,中国的商人用丝绸购买草原部落的畜牧产品,或者用来购买西域商人带来的金银和各种奇珍异宝,中国的政府则用丝绸来支付成卒的薪水，或者用来支付购买马匹等大宗商品的支出。草原商人和西域商人沿着丝绸之路，将这些丝绸向西贩卖输送，在这个过程中，丝绸逐渐从货币转变成了商品，用来换取各地的金银货币，所以中国的汉墓里经常能发现罗马、拜占庭等国家的金币，而在西方很少出土中国铜钱，因为中国生产的丝绸本身就是通行的"货币"。

到了唐朝，中国丝绸的生产逐渐进入鼎盛时期，当时丝绸的产量、质量和品种都达到了前所未有的水平，与此同时，丝绸贸易也得到巨大的发展，除了传统的陆上丝绸之路外，海上丝绸之路也在这一时期兴起，丝绸产品通过东海线和南海线，分别输往朝鲜半岛、日本和东南亚、印度。随着贸易往来，中国的丝绸技术逐渐传播到了全世界，东起日本、西至欧洲，以及东南亚、印度等地都开始进行丝绸的生产。

宋元时期，由于战乱、气候变化等影响，中国北方地区的丝绸生产开始衰落，丝绸生产逐渐转移到江南地区。与此同时，棉花的推广对于丝绸的生产也开始造成冲击。

明朝初期，由于朝廷采取了一系列"重农崇俭"的措施，所以丝绸的需求量开始下降，导致产区范围有所缩减，并且进一步向江南集中，形成了苏、杭、松、嘉、湖这五大丝绸重镇。到了明中期以后，社会风气逐渐开始崇尚奢靡，江南地区的丝绸工商业迅速繁荣起来。明代出现了许多关于桑蚕的著作。李时珍在《本草纲目》记载了当时的桑蚕品种，并进行了分类，从现代的角度看来已经非常科学；徐光启在《农政全书》中的《蚕桑篇》里对蚕桑生产进行了全面论述；宋应星的《天工开物》中详细介绍了丝绸生产的过程及要点，是当时丝绸生产的重要指导。

清朝建立了"官营制造体系"，包括江宁织造局、苏州织造局和杭州织造局，合称"江南三织造"，负责供应宫廷和官府需要的各类丝织品。《红楼梦》作者曹雪芹的祖父曹寅就曾经担任过江南织造，也是《红楼梦》中贾政的原形。由于清朝政府实施严厉的海禁政策，对于国际贸易进行了许多限制，所以当时中国丝绸的出口迅速减少。到了晚清时期，随着列强用坚船利炮敲开了清朝腐朽的国门，来自欧洲采用机械化生产的洋绸疯狂涌入中国，将中国本土的丝绸产业几乎摧毁殆尽。

民国建立之后,在"实业救国"这一口号的感召下,许多实业家积极响应,开始兴办丝绸技术学校、发展蚕丝生产,当时的中央和某些地方政府也给予了一定支持。经过多年的努力,丝绸的生产技术、产量和出口量都得到了一定提升,丝绸重新成为中国对外出口的重要物资。然而好景不长,1937年,随着日本帝国主义全面入侵中国,抗日战争爆发,日本很快侵占了江苏、浙江、山东、广东等蚕丝主产区,开始疯狂掠夺当地的蚕丝资源,同时还大肆破坏中国丝绸的生产能力。到新中国成立时,整个中国的丝绸业已经残破不堪、奄奄一息。

新中国成立后,在中国共产党的领导下,中国的丝绸产业迅速发展,特别是在改革开放之后,丝绸产量迅速增加,重新争得了世界丝绸市场上的主导地位,丝绸业成为国家的创汇支柱产业,产品销往100多个国家和地区。随着中国丝绸行业工艺技术水平的不断进步,科技创新的步伐也越来越快,信息技术、电子商务平台、人工智能技术在丝绸生产领域得到了全方位的充分利用,为这一古老的产业注入了新的活力。到了现在,中国已经是世界上最大的蚕丝和丝绸生产及出口国,生丝产量占世界总产量的70%以上,丝绸出口量占世界总贸易额的80%以上。

纺织出来的丝线和绸料需要经过染色这一重要的步骤,然后才能变成五颜六色的成品。古人使用的染料基本上可以分为矿物染料和植物染料两种,矿物染料包括朱砂、石黄、空青等,植物染料品种繁多,根据提取染料的颜色不同可以分为蓝色、黄色、红色等种类。

早期人们使用的主要是矿物染料,到了秦汉时期,中国人已经开始从各种植物中提取染料,随着纺织技术的进步,印染技术也得到了极大的发展,植物染料在纺织印染行业中逐渐取代矿物染料成为主流,开始出现专门种植用来提取染料的作物。

蓝色植物染料称为蓝草,是一个庞大而繁杂的群体,包括蓼蓝、菘蓝、木蓝、马蓝等数百个品种,这些植物在植物分类学上属于许多不同的科、属,共同点是叶片中都含有蓝色的成分靛蓝素,可以提取出来作为蓝色染料。宋应星在《天工开物》中说:"凡蓝五种,皆可为靛。"可见在当时已经有多种蓝色植物染料了。

中国使用的蓝草主要是蓼蓝,这是一种一年生草本植物,在植物分类学上属于蓼科蓼属,是一种历史悠久的蓝色染料来源。《礼记》中就有"是月也,天子乃以雏尝黍,羞以含桃,先荐寝庙。令民毋艾蓝以染,毋烧灰,毋暴布"的记述,其中提到不到收割的季节禁止采摘"艾蓝"用来染布,根据考证,这里的"艾蓝"指的就是蓼蓝。

因为蓝色染料来源广泛,而且提取起来相对容易,所以应用十分广泛,中国古代很多衣料、服饰都是蓝色的,还留下了"青出于蓝而胜于蓝"这样的成语。直到今天,在苗、侗、瑶、布依等少数民族仍然在大量使用蓼蓝,用来加工生产扎染、蜡染等纺织品。这些纺织品作为具有地方特色的旅游产品受到了游客的欢迎。

红色系的植物染料主要包括茜草、红花、苏枋等,其中茜草是中国古代最常使用的红色染料。

茜草是中国的本土植物,在植物分类学上属于茜草科茜草属,也叫作蒨草、地苏木、血见愁,在古籍中被称为茅蒐和茹藘,是一种多年生攀缘植物,藤蔓长度可达三米以上,开白色或黄色的花朵。

早在春秋战国时期,中国的先民们就开始利用茜草染布,在《诗经》中有"虽则如荼,匪我思且。缟衣茹藘,聊可与娱"的诗句,"茹藘"在这里指的是"用茜草染成红色的头巾",可见当时的人们对于衣饰色彩已经有了较高的追求。

茜草的染色主要是采用其根。

茜草提取出的植物染料名为茜素,在根中含量比较高。茜草的根呈红黄色,春秋两季皆可采收,秋季挖到的根的质量较好。挖出的茜草根需要晒干进行存储,使用时将其切片、捣碎、磨粉,用热水熬煮进行提取。

与直接就呈现蓝色的蓝草染料不同,茜素是一种媒染性植物染料,茜素需要与不同的媒染剂配合使用。在不使用媒染剂的时候,茜素只能把布料染成浅黄色,加入不同的媒染剂之后,就会出现深浅不同的红色。

红花同样是古人常用的红色染料，和中国本土出产的茜草不同，红花是汉代从西域传入的"外来户"。在植物分类学上，红花属于桔梗目菊科，也叫作红蓝花、刺红花，是一种一年生草本植物。顾名思义，红花的染料集中在花上。相比于茜草，红花中提取出的红色染料可以直接用于染色，而且颜色更加鲜艳亮眼，所以很受古人们的追捧，不过由于产量较低，所以价格一直相对比较昂贵。

苏枋是一种常绿小乔木，也叫作苏方木或苏木。苏枋含有一种隐色素，与空气接触后会被氧化成苏红木素，可以用来作为红色染料使用。

黄色系的植物染料种类很多，包括栀子、槐花、姜黄、郁金、黄栌、大黄、黄檗、银杏、菊花等，其中最常用的是栀子、槐花、姜黄、郁金。

栀子也叫作黄栀子、山栀、白蟾，在植物分类学上属于茜草科栀子属，是一种高度在三米左右的灌木。栀子的果实也叫作栀子，其中含有可以用作黄色染料的藏红花酸。在古代，栀子是人们重要的染料来源。

栀子

秦汉之前，栀子是应用最广的黄色染料，《汉官仪》中有这样的记载："染园出栀、茜，供染御服。"可见当时栀子是供皇家御用的染料，可说是染料中的"贵族"。用栀子浸液可以直接染织物成鲜艳的黄色，工艺相对简单，而且可以通过加入醋来控制浸液的酸性强弱,从而来控制黄色的深浅,醋的用量越多,布料染出来的颜色越深。在汉马王堆汉墓中,就曾经出土了使用栀子染成黄色的纺织品。栀子在古人的生活中占据了重要的位置,甚至成为财富的象征。司马迁在《史记·货殖列传》中说:"千亩栀、茜、千畦姜韭;此其人皆与千户侯等。"意思是拥有千亩栀子林,财富就可以与千户侯媲美。

由于栀子染料在阳光下容易脱色,所以人们开始寻找替代品,经过多年的探索终于发现槐花里也可以提取到黄色染料。

槐花来源于国槐,是中国北方的传统树种,国槐含苞待放的花蕾看起来像稻谷,被称作槐米,可以用来制作黄色染料。和茜草类似,槐花中提取的主要色素是媒染性植物染料,需要媒染剂对织物进行染色,通过使用不同的媒染剂,可得到不同的颜色,比如锡媒染剂呈亮黄色,铝媒染剂呈草黄色,铬媒染剂呈灰绿色。槐花染料的染色牢度良好,可以与其他染料套染,而且比栀子染料具有更高的阳光耐受性,不易在阳光下脱色,所以自从槐花染色技术问世之后,便逐渐替代了栀子染料的地位。

除了以上这些,古人们还从各种植物中提取了许多不同种类的染料,为生活增添了一抹靓丽的色彩。

到了现代,随着化学技术的发展,人们不再依赖于植物来获得染料,各种合成出来的化学染料因为物美价廉,逐渐取代了植物染料在纺织行业中的地位。不过在很多地方的印染行业仍然在使用植物染料,以"纯天然""传统工艺"作为卖点,另外在食品加工等领域,植物染料仍然占据了十分重要的地位。

08 名医寻良药

从人类诞生的那一天开始,就一直在与大自然不停地进行着艰苦卓绝的斗争,在这个过程中免不了要受伤、生病,为了能够减少痛苦、恢复健康,当时的先民们想了很多办法,做出了许多尝试,他们发现有些植物可以用于治疗疾病和伤患,于是将其称为药。

在"神农尝百草"的传说里,神农尝遍天下百草,发现了许多具有各种疗效的药草,也吃到了许多对身体有害的毒草,甚至最后就是因为吃下了剧毒的"断肠草"而死,可以说这就是当时人们生活的真实写照。正是有了这些先民的勇敢探索,人们才能了解各种植物的特性,同时也为中医的发展奠定了坚实的基础。

古人将具有药效的草木称为本草,后来成为中医、中药的代称。这个词最早出现在《汉书·郊祀志》:"方士、使者、副佐。本草待诏,七十余人皆归家。"

《神农本草经》成书于东汉时期,也被叫作《本草经》或《本经》,是已知最早的中药学著作,也是中医四大经典著作之一。这本书并没有确切的作者,据说最早起源于上古时期的神农氏,经过一代代人的口耳相传流传下来。是否真的源自神农氏已经无法考证,不过这本书的确是秦汉时期中医药的集大成之作,由当时众多医学家搜集、总结、整理而成,汇聚了当时中医药的经验成果,是对中医药的第一次系统总结，是中医药药物学理论发展的源头。

《神农本草经》中记载了 365 种中药，其中绝大多数都是药用植物，可见植物在中医药体系中所占的重要地位。

从《神农本草经》开始，中国的中医研究者先后创作了许多以"本草"为名的书籍，例如《吴普本草》《本草经集注》《新修本草》《食疗本草》《海药本草》《本草图经》《本草衍义》等，其中最著名的当属明代李时珍编著的《本草纲目》。

早期的中药材大都是野生的，很多名贵的中药都生长在人迹罕至的深山老林里，只有上山采药才能获得药材。随着对药材需求的增加以及种植技术的发展，人们开始试着对药材进行种植，出现了种植各种药材的药圃、药田，以种植药材为生的农民被称为药农。

随着现代中医药产业的飞速发展，人们对药材的需求日益增加，种植药材已经成为当代农民发家致富的重要途径。

目前在中国种植的中药材品种有很多，其中种植区域较大、产量较高的有人参、板蓝根、金银花、白术、丹参等。

人参在中国可谓是家喻户晓，提到中药，大多数人脑子里出现的第一个东西就是人参。人参也叫作山参，也有些地方将其称为棒槌、地精、神草，是一种多年生草本植物，在植物分类学上属于五加科人参属。

在中医看来，人参是一种名贵的药材，中国人使用人参的历史非常悠久，《神农本草经》中记载："人参，味甘微寒。主补五脏，安精神，定魂魄，止惊悸，除邪气，明目，开心益智。久服，轻身延年。"人参在古代应用非常广泛，东汉张仲景所著的《伤寒论》共记载了 113 篇药方，其中 21 篇都需要用到人参。

中国人很早就开始种植人参，《晋书·石勒别传》中记载，"初勒家园中生人参，葩茂甚"，可见在晋朝时期已经有人工种植的人参出现。不过人工种植的人参因为生长周期短，一般认为其药效比野生人参差一些，售卖的价格更是天差地别。

传统中医认为人参具有强壮滋补的效果，有调整血压、恢复心脏的功能，可用于改善神经衰弱、身体虚弱等症状，现代中医认为，人参对神经系统、心血管系统、内分泌系统、消化系统、生殖系统、呼吸系统都有明显的作用。临床应用广泛，可以用于治疗冠心病、心绞痛、糖尿病、神经衰弱等疾病，还可以增强人体免疫力，对于癌症的辅助治疗也有一定的效果。

根据产地不同，人参可以分为吉林参、辽参、高丽参、日本人参等。除了可以入药之外，人参的茎、叶、花、果都可以作为原料，加工成含有人参成分的烟、酒、茶、晶、膏等各种商品，因其保健效果显著，受到了消费者的广泛欢迎。由于人参需求量巨大，而且价格较高，所以人参种植是许多地方的重要增收项目，为人们发家致富起到了重要的作用。

板蓝根是中医常用的一种药材，中医认为其性寒，具有清热解毒、清喉利咽等功效，常用于治疗感冒等具有发热症状的疾病。常见的板蓝根可以分为北板蓝根和南板蓝根两类，虽然都叫作板蓝根，其实它们并不是同一种植物。

北板蓝根是菘蓝的干燥根，呈圆柱状，味先微甜后苦涩，具有抗病毒、抗菌、退热的作用，被用于治疗多种病毒性疾病。菘蓝也叫作茶蓝，在植物分类学上属于十字花科菘蓝属，是一种二年生草本植物，根被称作板蓝根，叶被称为大青叶，都是重要的中药材。

南板蓝根是马兰的干燥根，呈弯曲的圆柱状，味道比北板蓝根淡一些，用于治疗流感、肝炎、咽炎等疾病。马蓝在植物分类学上属于爵床科板蓝属，是一种多年生草本植物，根、茎、叶皆可入药，同样也叫作板蓝根和大青叶。马兰主要生长在中国南方，在苗药、白药、傣药、佤药等当地的少数民族医药体系中都有应用。

金银花的学名叫作忍冬，在植物分类学上属于茜草目忍冬属，也有银花、双花、金银藤、二宝花等名字，是一种多年生常绿缠绕灌木，花朵初开始为白色，一两天之后逐渐变成黄色，所以得名。金银花在中国的大部分地区都有分布，河南、山东所产的质量最好。

3000多年前，神州大地上的先民们已开始用金银花防病治病，《神农本草经》中就有相关的记载。宋代王介编著的《履巉岩本草》中有"鹭鸶藤，性温无毒，治筋骨疼痛，名金银花"的记载；明代李时珍所著的《本草纲目》中介绍金银花具有"久服轻身，延年益寿"的功效。金银花性甘寒,气芳香,甘寒清热而不伤胃,芳香透达又可祛邪,是清热解毒的良药,一般用来治疗各种热性病,比如身热、发疹、发斑、热毒疮痈、咽喉肿痛等病症,疗效十分显著。金银花还可以制成花茶泡水饮用,清代的《本草求真》中在"金银花"的条目中有"江南地方,以此代茶"的记载,不过因为金银花性寒,所以幼儿及脾胃虚寒者不能长期饮用,以免寒凉伤胃。

金银花

目前金银花在中国各地都有种植,是一种常见的中药材,也是受欢迎的观赏花卉。金银花适应性很强,喜阳、耐阴、耐寒性强,也耐干旱和水湿,对土壤的要求不高,但以湿润、肥沃的深厚沙质土壤为佳。

白术在中医体系中具有重要的地位,在植物分类学上属于菊科苍术属,是一种多年生草本植物。白术的地下结节状根茎是一种应用广泛的中药,味苦、性甘、性温,具有健脾益气、燥湿利水、止汗、安胎等功效,用于治疗脾虚食少、腹胀泄泻、痰饮眩悸、水肿、自汗、胎动不安等病症。

在汉代成书的《神农本草经》中,白术和苍术(又称赤术)并没有被区分开,都被称为"术",梁代陶弘景所著的《本草经集注》将白术、苍术分开,并记录了两者的不同:"术乃有两种,白术叶大有毛而作桠,根甜而少膏,可作丸散用;赤术叶细无桠,根小苦而多膏,可作煎用"《本草纲目》中记载:"白术,桴蓟也,吴越有之。人多取根栽莳,一年即稠。嫩苗可茹,叶稍大而有毛,根如指大,狀如鼓槌,亦有大如拳者。"

除了根部入药外,白术的嫩叶经过炒制可以做成茶饮,具有一定的保健功效,受到古人的追捧。《新修本草》中记载:"其苗又可作饮,甚香美,去水。"

目前野生的白术已经非常罕见,市场上的白术都是人工种植的,江苏、浙江、福建、江西、安徽、四川、湖北及湖南等地都有白术种植,浙江嵊州市、新昌地区是白术产量最大的产区。

丹参也叫作红根、赤参、紫丹参、大红袍、血参根,在植物分类学上属于唇形科鼠尾草属,是一种多年生直立草本植物,根部呈现紫红色,是一种常用的中药,具有活血祛瘀、通经止痛、清心除烦、凉血消痈的功效,用于治疗胸痹心痛、脘腹胁痛、症瘕积聚、热痹疼痛、心烦不眠、月经不调、痛经经闭、疮疡肿痛等病症。

中医使用丹参的历史非常悠久,《神农本草经》中将其列为"上品",《本草纲目》中认为丹参有"活血,通心包络,治疝痛"的作用。

随着中医药技术的进步,丹参被制成片剂、丸剂等多种剂型,对于胸闷、胸痛等心血管相关疾病具有很好的疗效。

09 巧匠有良材

人类与其他动物的一个重要区别，就是能够制造并使用工具，从旧石器时代粗糙的石刀、石斧，到从宇宙中俯瞰地球的"天宫"，都是我们人类制造的文明结晶。

俗话说"巧妇难为无米之炊"，无论制造任何东西，都需要有适合的原材料才能完成，而形形色色的植物，从古至今给人们提供了无数原材料，在人类文明的发展过程中起到了重要的作用。

木头是人类最早开始利用的原材料之一，一根趁手的木棒就是旧石器时代的先民们用来对抗猛兽的"神兵利器"，他们还通过"钻木取火"，靠着木头燃烧发出的火光驱散野兽和寒冷，熬过漫长的黑夜。辕、犁、车轮等对于文明发展至关重要的发明都是用木头制作出来的……在相当长的时间里，木头都在人类文明发展中占据了十分重要的地位，是人类在生产生活中应用最广的原材料。随着塑料及其他复合材料的发明和迅速普及，木头在人类生产生活中的重要性略有下降，不过仍然占据着十分重要的地位。毫不客气地说，如果没有木头，人类文明很难发展到今天这样的高度。

不是所有的木头都能够称为木材，必须满足足够的条件才行，合格的木材对于树木的高度及直径、木质的硬度和柔韧性、干燥后的变形程度等方面都有较高的要求。

古代中国对于木材的应用十分广泛，除了用于制作各种工具、家具，还将其作为重要的建筑材料，新石器时代的河姆渡遗址中就曾经出土过木头建造的房屋遗址，在很长一段时间里，中国的建筑都是由木材为主体建成的。

能够作为木材使用的树木有很多，目前比较常见的树木有松树、橡树等。

在中国，松树与竹、梅并称为"岁寒三友"，具有坚韧、挺拔、高洁的寓意，同时也是长寿的象征。松树种类很多，目前世界上已知的松树超过80种，常见的松树有马尾松、油松、白皮松、红松、赤松、黑松等，当然，还有"蚂蚁森林"里让许多人心心念念的樟子松。

松树在植物分类学上属于松科松属，基本上所有的松树都是高大挺拔的乔木。松树最大的特点就是细长的针状叶，也被称作松针，松针表面有一层厚厚的角质层和一层蜡质的外膜，可以在很大程度上减少水分的蒸发，所以松树对于高寒、干燥的环境有很强的适应性，欧洲和中国东北地区都是松木的主要产区。

松树在中国文化中具有非常重要的地位，无数文人墨客都曾经留下过与松树有关的诗词。

唐代诗人白居易酷爱松树，曾经写下《松树》一诗："白金换得青松树，君既先栽我不栽。幸有西风易凭仗，夜深偷送好声来。"还写过《咏松》："小松未盈尺，心爱手自移。苍然涧底色，云湿烟霏霏。栽植我年晚，长成君性迟。如何过四十，种此数寸枝。得见成阴否，人生七十稀。爱君抱晚节，怜君含直文。欲得朝朝见，阶前故种君。知君死则已，不死会凌云。"李白也写过《南轩松》："南轩有孤松，柯叶自绵幂。清风无闲时，潇洒终日夕。阴生古苔绿，色染秋烟碧。何当凌云霄，直上数千尺。"王维在《山居秋暝》中留下了"明月松间照，清泉石上流"的千古名句。

除了在诗中咏松，古人们还将松树画在纸上，融入山水之间，唐代著名画家张燥所画的松树坚韧浩然、挺拔苍翠，令人拍案叫绝。

除了可以作为木材使用，松树上还能采集到松脂，可以用于提炼松节油等多种化工原料，松树的种子被称作松子，是一种很受欢迎的零食，也可以供药用。

橡树也叫作栎树、柞树，通常说的橡树非特指某一个树种，而是壳斗科栎属、青冈属及柯属下的多个树种。

橡树是世上最大的开花植物，拥有极长的寿命，在自然中的橡树可以轻易活到数百年。研究发现，位于美国加州的一棵侏鲁帕橡树已经生存了超过一万三千年，是世界上现存最古老的活生物。橡树的种子称为橡子，是一种拥有坚硬外壳的坚果，是松鼠等小动物最喜欢的食物，看过动画片《冰河世纪》的人一定会对那只不停追逐着橡子的剑齿松鼠印象深刻。

考古学家在河姆渡遗址中曾经发现了装满橡子的陶罐，还发现了橡木制作的房屋构件和地板，这说明神州大地的先民们很早就开始利用橡树了。

在欧美地区，橡木曾经是一种"贵族"木材，被王公贵族们用于修建宫殿，以及制作家具、马车等日常器具。法国凡尔赛宫和卢浮宫铺的就是橡木地板，花纹和拼装十分复杂多样，反映出了中世纪奢华的审美风格。美国白宫总统办公室的橡木办公桌具有悠久的历史，用于制作这张办公桌的橡木来自19世纪英国皇家舰队探险船"勇敢号"的船身。

在英国，橡树被称作"皇家橡树"，传说是因为英王查理二世曾经藏身在橡树的树洞中躲过了追兵，为了表达感激之情，他给英国的橡木授予了"皇家"的头衔。

树龄超过百年的橡树具有很高的强度和硬度，在盐分极高的海水中浸泡也不会开裂变型，所以是制作船只特别是战舰的好材料。在1805年的特拉法尔加海战中，橡木制成的"胜利号"率领英国舰队以弱胜强，击败了拿破仑麾下的法国、西班牙联合舰队，从此掌握了海上霸权。

除了用来造船，橡树还有一个重要的作用，就是用来制作储存葡萄酒的酒桶。橡木制成的酒桶能为葡萄酒增添特殊的风味，使得存储其中的葡萄酒口感变得更为醇厚稳定，香气愈发馥郁和谐。所有品酒师都认为橡木桶是存储葡萄酒的最好容器。

编织是人类最古老的手工艺之一，可以分为竹编、藤编、草编、柳编、麻编等种类，通过精巧的编织技艺，将竹篾、藤条、干草、柳条、麻皮等原材料制成日常所需的各种日用品、工艺品。

早在新石器时代，人类就已经开始用编织的方法制作日常用具。在半坡、庙底沟、三里桥等新石器时代遗址出土的许多陶器上都有由簟席印模上去的"十"字形、"人"字形纹路。浙江余姚河姆渡遗址出土了距今约有7000年历史的苇席，浙江湖州钱山漾遗址出土了200多件工艺精巧的竹编器物，包括篓、篮、箩、筐等，可见当时的竹编技术已经非常成熟。

商周时期，人们开始用蒲草编织草席。到了汉代，以蔺草为原材料编织而成的草席、草鞋等日常用品已经很常见，三国时刘备在发迹前就是以编织、售卖草鞋为生。

唐代，人们用于编织的材料更加广泛，福建、广东的藤编、河北沧州的柳编、山西蒲州的麦秆编等都是当时广受欢迎的手工艺品。

宋代时编织技艺发展得更加精巧，可以编织出龙灯、花灯、走马灯、香篮、花篮等复杂的工艺品，甚至可以编织出字画、图案，方寸内可以编织120根篾条，还可以加入金线作为装饰。

明清时期，随着经济的发展，编织制品的规模迅速扩大，不但在日常生活中普遍应用，还远销海外各国。

到了现代，随着生产技术的提高，手工编织出来的日常用品有了许多替代品，不再是必不可少的生活物资，但它们所承载的自然气息和人文精神却是工业产品无法替代的，所以仍然受到许多人的追捧。

在人类的历史上，木材和编织材料都占据了重要的地位。不过随着工业革命的兴起，它们的重要性开始下降，但是有一种植物材料却是因为工业革命才从寂寂无名变成声名显赫，这就是橡胶，确切地说是天然橡胶。

所谓天然橡胶，是将从巴西橡胶树上采集到的天然胶乳通过凝固、干燥等一系列加工，最终得到具有弹性的固体物，具有优良的回弹性、绝缘性、隔水性及可塑性，经过特殊处理后还具有耐油、耐酸、耐碱、耐热、耐寒、耐压、耐磨等性质，是一种用途广泛的重要工业原料，从日常生活中常见的雨鞋、暖水袋，到火箭、卫星等高科技产品，都需要用到橡胶。

在植物分类学上，橡胶树属于戟科橡胶树属，是一种高达 30 米的高大乔木，原产于南美洲的亚马孙地区，是一种典型的热带雨林树种。橡胶树体内含有丰富的乳汁，只要小心切开树皮，乳白色的胶汁就会从开口处缓缓流出，这些乳汁就是制作橡胶的原料。

南美洲的原住民在很久之前就发现了橡胶树的特点，并开始对其胶汁进行收集和利用，他们将橡胶树称为"会流泪的树"。考古研究发现，公元前 5 世纪时，现今墨西哥特瓦坎一带曾经出现过一个名为"奥尔梅克"的王国，"奥尔梅克"在当地语言里就是橡胶之乡的意思，在当时的人看来，柔软的橡胶是重要的财富，可以用来制作许多神奇的物品，比如雨衣、雨鞋等。

15 世纪末，随着哥伦布来到美洲大陆，欧洲探险者在南美洲发现了橡胶，不过当时他们对这种软弹的物质并不感兴趣，更喜欢美洲丰富的黄金和白银。

1736 年，法国科学家康达明来到美洲大陆，发现当地人使用橡胶制作日常用品，对这种柔软的神奇物质非常感兴趣，将橡胶树的种子带回欧洲进行种植，并学着美洲原住民的样子收割橡胶，并尝试用其制作雨鞋、雨靴、橡胶管等生活用品。

1823 年，美国人固特异第一次见到了橡胶，认为这种橡胶还有巨大的潜力没有开发，经过多次实验之后，固特异发现将硫黄加入加热后的橡胶，冷却之后可以让其变得更加坚固且富有韧性，这就是硫化橡胶。1851 年，硫化橡胶在英国伦敦举办的万国工业博览会，也就是第一届世博会上获得了最高奖项。人们把硫化橡胶用在马车的车轮上，发现可以起到很好的减震作用，没过多久，橡胶就成了除了火车之外所有车轮上的标配。

硫化橡胶的出现极大地拓展了橡胶的应用范围，随之而来的是橡胶需求的猛增，为了满足日益增长的橡胶需求，英国殖民者将橡胶树引种到东南亚的斯里兰卡、菲律宾、马来西亚等地，在那里建立了规模庞大的橡胶种植园。同一时期，南美洲的橡胶种植园开始爆发枯叶病，没过多久就纷纷被摧毁了。从此亚洲就成了世界上最大的橡胶产地。

第二次世界大战时期，日本控制了东南亚的橡胶主产区，日军偷袭珍珠港，正式向美国宣战。与此同时，美国的橡胶供应被彻底切断了。为了满足战争的需要，美国动员了所有相关领域的化学家，让他们尽快开发出橡胶的替代品。很快，以石油为原料的合成橡胶被研究出来，虽然性能和天然橡胶仍然有一些差距，不过已经可以满足基本的工业需要，在合成橡胶的支持下，美国的战争机器全力开动，最终支持同盟国战胜了德意日法西斯。

第二次世界大战之后，合成橡胶得到了进一步发展，现在已经在所有橡胶使用量中占据了超过60%的份额，不过合成橡胶在强度、柔韧性等方面仍然逊色于天然橡胶，所以在飞机轮胎、医用手套等一些有特殊需求的领域，天然橡胶的地位仍然无法撼动。

除了木材、橡胶之外，还有许多植物产品是工业生产的重要原材料，比如用来处理动物毛皮的鞣料、用作黏接剂的各种树胶等等，所以，种植在工业生产领域的作用同样非常重要。

在为人类提供各种原材料的同时，森林还是重要的生物资源宝库，对于保持生态环境的稳定起到了重要的作用。然而随着人类活动范围的不断扩张，大量的森林被破坏，引发了水土流失、土地荒漠化等一系列生态问题。为了改变这种趋势，人们开始用人工种植树木的方式恢复森林，也就是所谓的植树造林。

植树造林在减缓温室效应、保持水土、防风固沙、净化空气等多个方面都具有十分重要和长远的意义，是一项功在当代、利在千秋的伟大工程。

中国一直十分注重植树造林的工作，将每年的3月12日定为植树节，进行全民植树和相关的宣传活动。经过数十年的努力，中国在植树造林领域取得了令人惊叹的成果。进入21世纪以来，更是采取了包括退耕还林、生态整治、防风固土等一系列举措，取得了很好的成果，在卫星照片上都可以看到将原先荒芜的沙漠变成了生机勃勃的绿色森林。

第九次全国森林资源清查数据显示，中国人工林总面积为0.8

亿公顷，人工林年均增量占世界的53.2%，位居世界第一。中国的森林总面积由新中国成立初期的8000多万公顷增加到2.2亿公顷，国土森林覆盖率由8.6%提高到23.04%。在世界森林不断减少的大背景下，中国人正在通过自己坚持不懈的努力让国土上的绿色森林不断扩大。

在互联网不断发展的推动下，植树造林也有了新的形式。人们可以在手机上收集虚拟的"绿色能量"，然后用这些能量在千里之外的戈壁林场中种下一棵真实的树，这种新颖的植树方式受到了广泛的欢迎。

种下一棵树，造就一片林，给子孙后代留下一个绿色的地球。

10 馨香尤绕梁

在达到了衣食无忧、吃饱吃好、身体健康的目标之后，我们是不是就能高枕无忧、停下脚步了？当然不会。人类的需求和欲望永无止境，吃饱喝足之后就会开始追求更高的享受，这并不是一件坏事，因为就是靠着这种欲望，人类社会才能不断向前发展。

在神农尝百草的时候，就曾经发现有些植物可以给人带来快乐、舒适的感觉，这些植物并不是维持温饱所必需的，甚至可能对身体有害，但是人们一旦尝试过之后就可能会喜欢上这种感觉，成为人们的嗜好，所以它们也被称为嗜好品，也叫作享乐用品。

酒是人们最早开始享用的嗜好品，采用水果或者粮食发酵而成。人类酿酒的历史非常久远，传说夏禹时代的仪狄就曾经酿出过美酒，西汉刘向编著的《战国策》中记载："昔者，帝女令仪狄作酒而美，进之禹。禹饮而甘之，遂疏仪狄，绝旨酒，曰：'后世必有以酒亡其国者。'"说的就是这个故事。仪狄向禹进献美酒，禹觉得很好喝，却从此疏远了仪狄，并下令禁酒，还说后世一定有因为酒而亡国的国君。

现在看来，禹的担心并不是没有道理，夏桀、商纣、周幽都是因为沉溺酒色而亡国，后世因为饮酒误事、身死国亡的事情更是数不胜数。

不过人类始终无法抵挡美酒的强大魅力，就算禹的禁令也无法阻止。禹的后代——夏朝的第五代国君杜康再次将酒拉回了历史的舞台上。东汉文学家许慎在《说文解字》中记述："杜康始作秫酒。又名少康，夏朝国君。"后世的人们将杜康尊为酒神，制酒业将其奉为祖师爷，并以"杜康"借指酒。曹操的一句"何以解忧，唯有杜康"说尽了一世沧桑，也成就了杜康美酒的万世流芳。秫是黍的一种，所以后人推测杜康是发现并改良了用粮食酿酒的方法，让口感更好的粮食酒取代果酒成为主流。

现代考古学发现，中国人酿酒的历史比仪狄、杜康还要久远得多，在新石器时代早期的仰韶文化，以及略晚的龙山文化和良渚文化遗址中都曾经发现过用来盛酒的陶器以及用来酿酒的缸。

春秋时代，酿酒技术得到了很大的发展，出现了"复式发酵法"，提高了酒精的含量，缩短了酿酒过程。当时的人们将酒精含量较低的酒称为薄酒，《庄子》中有"鲁酒薄而邯郸围"的记载。

宋代之前，人们喝的酒都是直接发酵而成的，称为黄酒，酒精含量一般不高，最高也不会超过 20 度，所以我们看到古人都是"千杯不醉"的豪饮之士。"李白斗酒诗百篇""酒逢知己千杯少""金樽清酒斗十千"虽然有诗人的夸张，但也跟当时酒的度数比较低有关系。

宋元时期，随着蒸馏法的出现和推广，酒中的酒精含量得到了极大的提高，开始出现超过 50 度的烈酒，奠定了中国白酒的基础。

经过漫长时光的洗礼，到了今天，酒已经从一种嗜好品变成了一种文化，成为各地风俗的组成部分。不过酒虽香醇，切莫饮酒过量，过量饮酒会对身体造成不可逆的严重伤害，而醉酒更是会给自己和周围的人造成困扰，甚至可能因为酒后忘形而伤害到自己或他人。除此之外还必须要牢记"喝酒不开车，开车不喝酒""司机一杯酒，亲人两行泪"！

所谓"烟酒不分家"，烟和酒一样，也是受到许多人追捧的嗜好品。不过必须郑重提醒的是，吸烟有害健康！不仅会危害吸烟者的健康，散发的二手烟对于周围的人也会造成伤害。

我们现在常见的烟也叫卷烟，是将烟草叶片干燥后加工制成烟丝，然后用纸卷起来制成的。除了制成卷烟之外，烟丝还可以装入烟斗、烟袋等器具使用，或者制成鼻烟等产品。

在植物分类学上，烟草属于茄科烟草属，是一种一年生或者有限多年生的草本植物。

烟草原产于南美洲，考古学家在南美洲发现了3500年前的烟草种子，证明当时南美大陆的人们就已经开始种植烟草。在墨西哥贾帕思州一座建于公元432年的神殿里，有一面浮雕展现了玛雅人在举行祭祀时用长烟斗吸烟的场景。根据文献记载，美洲原住民将烟草视为"万灵药"，用于治疗感冒、头痛、牙痛、创伤、烧伤等各种疾病，还用于麻醉和抗疲劳。美洲原住民使用烟草的方式包括呼吸新鲜烟草气味、将烟草点燃后用鼻孔吸烟、将干烟草粉碎后单独或与盐、石灰混合涂抹患处、口嚼烟草摩擦口腔内侧、将烟草做成火把进行熏烤等。美洲原住民将烟草视为"圣药"，会将烟草挂在岛边的小船上以示敬重，并在祭拜、谈判时将抽烟作为庄严仪式的一部分。

哥伦布抵达美洲大陆之后，欧洲殖民者发现了烟草，并将种子带回欧洲进行种植，随后逐渐传播到欧洲各国。当时的法国驻葡萄牙大使杰恩·尼古特听说了烟草的神奇疗效，开始在自己的花园里进行种植，不但经常自己吸，还将烟草送给别人用来治病，先后治好了包括厨师的严重刀伤、助手的父亲持续2年的腿部溃烂、妇女脸上的体癣、船长的瘰疬等疾病。由于尼古特的慷慨大方，烟草在当时被称为"大使草"。后来人们为了纪念尼古特在烟草传播中做出的突出贡献，把烟草中特有的植物碱烟碱命名为尼古丁。

中国的烟草与美洲烟草种类不同，不过历史同样很悠久，汉代之前就已经有烟草种植的记录，汉代时甚至出现了专门的"烟草税"。传说在三国时期，诸葛亮征讨南蛮时，当地瘴气严重，士兵很多因为被瘴气感染而生病，当地居民送上"韭叶云香草"，也就是黄花烟，燃烧取烟驱散瘴气。

明朝时期，美洲烟草从东南亚地区传入中国的台湾、福建，1579年，意大利传教士利玛窦把鼻烟带到了广东，随后美洲烟草逐渐在中国流行开来，很快压过了本土的烟草，在中国各地广泛种植。当时的中医对于烟草的评价很高，认为其是包治百病的灵丹妙药。清代医药学家倪朱谟在《本草汇言》中记述："烟草，通利九窍之药也，能御霜露风雨之寒，辟山蛊鬼邪之气。小儿食此能杀疟疾，妇人食此能消症痞，如气滞、食滞、痰滞、饮滞，一切寒凝不通之病，吸此即通。"

现代科学研究证明，烟草并不是什么"万能药"，反而会对人体造成严重的伤害，而且吸烟量越大、吸烟年限越长、开始吸烟年龄越小，对人体造成的危害越严重。大量证据表明，吸烟对呼吸道免疫功能、肺部结构和肺功能均会造成损害，引起多种呼吸系统疾病，烟草烟雾所含的多种致癌物会引起机体内关键基因发生突变，引发细胞正常生长控制机制失调，诱发多种癌症，未成年人吸烟还可能会引起发育异常等一系列严重问题。

吸烟者在吸烟时吐出的烟雾以及卷烟燃烧时产生的烟雾弥散在空气中，就形成了所谓的二手烟。二手烟中含有大量有害物质及致癌物，不吸烟者暴露于二手烟中，会导致癌症、烟味反感、鼻部刺激症状和冠心病等多种疾病。

二手烟对孕妇及儿童健康造成的危害尤为严重。大量研究证实，孕妇吸收二手烟会导致早产，新生儿患有神经管畸形和唇腭裂等疾病的概率也会大幅提高。儿童长时间暴露于二手烟中会大大提高患上癌症、呼吸道疾病、支气管哮喘、肺功能下降、急性中耳炎、复发性中耳炎及慢性中耳积液等疾病的概率。

为了您和他人的健康，请不要吸烟。如果是吸烟的人，请从今天、从现在开始戒烟吧！

和伤身的烟、酒相比，茶这个嗜好品就要健康得多了。

传说在神农尝百草的时候，很早就发现了茶这种植物，还用它的叶子化解了许多次中毒的危机，最后神农在服下"断肠草"之后，首先想到的就是取茶解毒，可惜因为断肠草的毒性实在太过猛烈，神农还没拿到茶就已经被毒得肝肠寸断，因此抱憾离世。

茶也叫作茗，在植物分类学上属于山茶科山茶属，是一种灌木或者小乔木，我们常见的绿茶是取茶树的嫩叶炒制而成，还可以经过发酵制成红茶、黑茶、白茶等产品。

茶叶

中国饮茶历史悠久,《神农本草经》中有"神农尝百草,日遇七十二毒,得茶而解之"的记载。西汉王褒所作《僮约》中有"脍鱼炮鳖,烹荼尽具""牵犬贩鹅,武阳买荼"的句子,这是全世界最早的关于饮茶和买茶的记载。武阳位于今天的四川彭山,可见早在西汉时期当地就已经出现了茶叶市场。

唐代文学家陆羽酷爱饮茶,经过多年的研究和考察,写出了关于茶的巨著——《茶经》,这本书是全世界第一部关于茶的专著,被誉为茶的百科全书。《茶经》中详细介绍了茶的历史、源流、现状、生产技术以及饮茶技艺、茶艺原理,详细阐述了整个茶文化,将普通茶事升格为一种美妙的文化艺术,既是综合性茶学专著,又是实用的农学著作。《茶经》的出现,极大地推动了中国茶文化的发展,陆羽也因此被尊为"茶神"和"茶仙"。

唐代时流行吃茶,需要先把茶叶碾成粉末,烧开水后放入葱、姜、蒜、桂皮、薄荷、橘皮和盐等佐料,再将茶粉撒入锅内一起煮,煮好之后,趁热将茶渣和茶汤一起喝下去。

《茶录》是中国历史上另外一本关于茶的著作,由宋代文学家蔡襄编写,是继《茶经》之后最有影响的论茶专著。《茶录》全书分为两篇,上篇论茶,分色、香、味、藏茶、炙茶、碾茶、罗茶、候茶、熁盏、点茶十目,主要论述茶的品质和烹饮方法;下篇论器,分茶焙、茶笼、砧椎、茶铃、茶碾、茶罗、茶盏、茶匙、汤瓶九目。

宋代时人们品茶的方式是用开水冲泡茶粉,搅拌之后饮用,这种方式后来传入日本，经过演变之后就成了日本的茶道。

到了明朝之后，人们开始直接用茶叶泡水喝，这种品茶方式一直延续到了今天。

同样是在明朝时期，茶叶从中国传入欧洲，当时欧洲的医生们认为这种来自神秘东方的饮品具有神奇的治疗效果，能够净化血液、治疗多梦、缓解抑郁症，还具有预防水肿、治愈皮肤擦伤、祛除头部湿气、强健内脏、增强记忆力等功效，所以极力向他们的病人们进行推荐，使得茶在欧洲迅速流行起来。在当时的欧洲，茶是一种昂贵的奢侈饮品，只有权贵才能享用。

随着茶在欧洲的流行，茶叶成为重要的海上贸易商品。在北美，由于茶税增加导致"波士顿倾茶事件"发生，最终引发了美国的独立战争。

当时的欧洲人需要中国的茶叶，而中国对于欧洲的工业商品没有什么需求。欧洲与中国的茶叶贸易基本上是以白银主导，于是大量的白银从欧洲来到了中国。为了弥补巨大的贸易逆差，英国人的解决办法就是向中国销售鸦片，古老而强大的中国开始迅速走向衰落。

茶里含有茶碱、茶多酚等生物活性成分，能清除体内的有害自由基，从而实现抗氧化、抗癌、抗衰老等效果，经常喝茶还有提高耐力、改善记忆力的功效。

到了今天，茶已经成为人们日常喜闻乐见的饮品，还衍生出了奶茶这种时尚流行的茶饮，不过奶茶中往往含有大量的糖分，摄入太多会导致肥胖、内分泌失调等问题。

茶是东方人最喜爱的日常饮品，而在西方，人们日常的饮品则是咖啡。

咖啡一词来源于阿拉伯语，意思是植物饮料，是用经过烘焙的咖啡豆，配合各种不同的烹煮器具制作出来的饮料，纯咖啡味道苦涩，为了改善口感经常会加入糖、奶等配料。

咖啡豆是咖啡树的种子，这种树原产于非洲北部、中部的热带亚热带地区，是一种多年生乔木，高度大概在5到8米。

非洲当地居民很早就发现咖啡豆有使人感到兴奋的作用。传说是一位牧羊人看到吃了咖啡豆的羊变得异常兴奋，所以才发现了这种特殊的果实。非洲当地居民最初是把咖啡树的果实磨碎，将其与动物脂肪掺在一起捏成球状的丸子，作为给即将出征的战士享用的美味。他们认为这些丸子能够让战士变得兴奋，从而杀敌更加勇猛。

到了11世纪，非洲当地居民逐渐发现用水煮咖啡作为饮料，同样可以起到让人兴奋的作用。13世纪时，埃塞俄比亚军队入侵也门，同时也将咖啡带到了阿拉伯地区。因为伊斯兰教义禁止教徒饮酒，有宗教界人士认为这种饮料刺激神经，违反教义，曾一度禁止人们饮用咖啡，但当时埃及、苏丹认为咖啡不违反教义，最终将其解禁，随后咖啡迅速在阿拉伯地区流行开来，成为重要的社交饮品。

16世纪末，咖啡以"伊斯兰酒"的名义传入欧洲，很快受到贵族士绅阶级的追捧，身价也跟着水涨船高，甚至得到了"黑色金子"的称号。

1690年，荷兰人将咖啡引种到印度尼西亚，并开始在东南亚地区推广种植。

1727年，荷属圭亚那的一位外交官的妻子将几粒咖啡种子送给一位在巴西的西班牙人，开启了南美洲种植咖啡的序幕。由于巴西的气候非常适宜咖啡生长，所以咖啡开始在南美洲迅速扩散开来，由于产量大增，咖啡的价格迅速下降，逐渐成为欧洲人的日常饮料。

1898年，中国海南文昌迈号镇引入咖啡进行种植，经过100多年的发展，咖啡种植产业在中国得到了蓬勃的发展，其中云南省的咖啡种植面积和产量占到了全国的99%以上，是中国最大的咖啡产区。

咖啡豆含有包括咖啡因、单宁酸在内的多种化合物，咖啡因是一种兴奋剂，进入人体后会产生利尿、刺激中枢神经和呼吸系统、扩大血管、心跳加速、增强横纹肌的力量以及缓解大脑和肌肉疲劳的作用，摄入过量的咖啡因，会引起人体过度兴奋，进而影响睡眠。

可可、咖啡和茶并称为"世界三大饮料",可可在欧美国家是一种非常流行的饮料,在中国却很少有人将其作为饮料,甚至有很多人以为可可与咖啡是同一种东西的不同称呼。不过有一种可可产品在中国可谓是家喻户晓,更是所有小孩子的最爱,那就是巧克力。

在植物分类学上,可可属于梧桐科可可属,是一种高大的乔木,种子被称为可可豆,是制作可可饮料的原材料。和咖啡一样,可可原产于南美洲,当地人种植、食用可可的历史十分悠久。考古证据显示早在3500年前,美洲的人们就开始食用可可,他们把辣椒、香草、玉米粉和来自红木的胭脂树红混合制成浆液,然后加入磨碎的可可,将其制作成一种混合饮料。

可可

16世纪初,哥伦布抵达美洲,随后西班牙殖民者将可可种子带回了欧洲,随后将其移植到菲律宾群岛及西印度群岛,接着逐渐扩展到全世界。

可可豆里面含有50%的可可脂,它就是巧克力的原料,巧克力的迷人之处就来源于这种特殊的脂肪。可可脂的熔点为34℃~38℃,人的体温也在这个范围之内,所以当巧克力放进嘴里,会在舌尖上自然溶化,给人带来丝滑的感受。现在很多巧克力都是用代可可脂制成,这是一种氢化棕榈油,熔点比可可脂高一些,难以在口腔里自然溶化,风味自然远逊于真正的可可脂巧克力。

充分碾碎的可可豆利用压力设备去除部分可可脂之后,就得到了可可饼,将其粉碎过筛,就得到了用于制作各种饮料的可可粉。

可可中含有丰富的蛋白质和脂肪,富含具有多种生物活性功能的生物碱,同时含有多种氨基酸和维生素,以及铜、铁、锰、锌等多种微量元素，具有刺激胃液分泌的作用，可以促进蛋白质的消化和吸收，还对心脏病、糖尿病、高血压等疾病具有一定的疗效。

可可制成的巧克力是一种高热量食品，可以给人体提供大量的能量，是一种很好的应急食品，不过它更是一种受人追捧的美味糖果。

说起嗜好品，很多人都会想到槟榔，在许多地方嚼槟榔已经成为人们日常生活中重要的组成部分。

槟榔

槟榔在植物分类学上属于棕榈科槟榔属，是一种高大的常绿乔木，原产于马来西亚，在亚洲热带地区广泛种植，国内主要分布在云南、海南及台湾等省份的热带地区。

中国种植槟榔的历史非常久远，可以追溯到汉朝的汉武帝时期。司马迁在《史记》中记载，汉武帝起兵征讨南越时，北方的士兵受不了南方的瘴气，许多人都生了疾病，有人看到挂满树梢的槟榔果鲜艳夺目，于是摘下来吃，食用了槟榔之后的病人竟然奇迹般地痊愈了，于是士兵们纷纷吃槟榔来抵御瘴气。大军凯旋时，将槟榔带回长安，汉武帝将其种在自己的皇家园林——上林苑中，司马相如在《上林赋》中写道："留落胥余，仁频并闾。"其中的"仁频"指的就是槟榔，"留落""胥余""并闾"则是指棕榈或者类似棕榈的树木。

东汉学者杨孚在其编写的《异物志》上记载了槟榔的外形："槟榔若笋竹生，竿种之，精硬，引茎直上。"

魏晋时期，食用槟榔在达官显贵中成为一种时尚，当时槟榔是名副其实的贵族食品，一般人是吃不起的。文学家左思在《三都赋》中写道："槟榔无柯，椰叶无阴。"意思是槟榔树没有树杈，椰子树没有树荫。

　　南北朝时期，槟榔已经成为人们日常食用的零食，主要用来餐后消食，当时还有一个关于槟榔的有趣典故。

　　东晋末年，汉朝皇族后裔刘穆之生活潦倒窘迫，经常到妻子江氏的哥哥家中蹭吃蹭喝，江氏的哥哥对其十分嫌弃，刘穆之却厚着脸皮当作不知道。一天刘穆之又在江家蹭饭，饭后江氏的哥哥命人端上一盘槟榔分给众人，却没有分给刘穆之。刘穆之问为什么没有自己的，江氏哥哥调侃说："槟榔是用来消食的，你经常连饭都吃不饱，还需要吃这个东西吗？"刘穆之听了也不生气，一笑而过。后来刘穆之追随刘裕起兵，一番征战后，刘裕登基称帝，刘穆之也成了开国之臣，从此位高权重。一天，刘穆之请妻子的哥哥来自己府上赴宴，饭后命人用金盘盛了满满一盘槟榔分给众人，这一幕让他妻子的哥哥十分尴尬。李白曾经在《玉真公主别馆苦雨赠卫尉张卿》诗中提到过这个典故："何时黄金盘，一斛荐槟榔。"

　　除了李白，许多诗人都曾经把槟榔写进诗词里，苏东坡曾经写下"暗麝著人簪茉莉，红潮登颊醉槟榔"的诗句，明代宋徵明也写过"朱唇轻染胭脂色，爱嚼槟榔玉齿红"。

　　李时珍在《本草纲目》中写道："槟榔扶留，可以忘忧。"所以也有人将槟榔称为"忘忧果"。

　　槟榔具有提神醒脑、消除疲劳的作用，受到许多人的追捧，但是经常嚼槟榔会对人体造成严重的伤害，比如导致口腔溃疡、牙龈退变、口腔黏膜下纤维化，甚至引发口腔癌变。研究认为槟榔中的槟榔素和槟榔碱具有潜在的致癌性，有很高的致癌风险。2003年世界卫生组织下属的国际癌症研究中心将槟榔认定为一级致癌物。

　　2021年8月，土耳其颁布法令，将槟榔认定为毒品，因为槟榔中所含的槟榔碱具有致幻性。中华人民共和国驻伊斯坦布尔总领事馆发文提醒中国游客切勿携带槟榔入境土耳其。

　　嗜好品给人们的生活带来了许多的快乐，但也有一定的成瘾性，其中有些还会对人身体造成伤害，所以在使用时必须适可而止，避免因为追求享乐而给自己和他人带来不好的后果。

11 "魔鬼"的诱惑

烟、酒、茶、咖啡等嗜好品都具有一定的成瘾性和危害性，不过只要不过分滥用，它们的成瘾性和危害性都在可控范围之内。

还有一种东西，它具有极强的成瘾性，基本上只要尝试过就会产生生理、心理上的依赖，还具有极大的危害性，只需要少量就会对人类的身体造成不可逆转的伤害，就像是一个拿着香甜果实的邪恶的魔鬼，将人诱入无底的深渊，没错，这个"魔鬼"就是毒品。

罂粟

根据《中华人民共和国刑法》第 357 条规定，毒品是指鸦片、海洛因、甲基苯丙胺、吗啡、大麻、可卡因以及国家规定管制的其他能够使人成瘾的麻醉药品和精神药品。

提到毒品，就不得不说起娇艳的"罪恶之花"——罂粟。

罂粟是罂粟目罂粟科植物的统称，是一年生草本植物，植株高约 30 至 80 厘米。罂粟原产于西亚的美索不达米亚地区，苏美尔人将罂粟称为"快乐植物"，早在公元前 3400 年就已经开始种植，苏美尔人还掌握了收集罂粟浆液制作鸦片的方法，不但将其作为药物使用，也将其用来享乐，还将鸦片作为重要的商品出售给周边的国家。亚述人从苏美尔人那里学到了种植罂粟和制作鸦片的方法，随后又传到了埃及。

汉末三国时期，罂粟传入中国，不过当时在中国的种植并不广泛。

到了唐代，关于罂粟的记载开始逐渐增多。《旧唐书·拂菻传》中记载："乾封二年，遣使献底也伽。""拂菻"指的是东罗马帝国，也就是拜占庭帝国，作为贡品的"底也伽"是一种含有鸦片成分的药物，当时被视为"万能解毒药"，对头疼、眩晕、耳聋、中风、视力差、嘶哑、咳嗽等疾病都有疗效。同一时期，西域胡商将罂粟的种子带入中国，开始在中国种植罂粟，不过由于鸦片的制作方法没有传入，所以当时罂粟在中国是作为观赏植物存在的。

唐代中药学家陈藏器在《本草拾遗》中描述了罂粟花的特点："罂粟花有四叶，红白色，上有浅红晕子，其囊形如箭头，中有细米。"《种树书》还记载了种植罂粟的窍门："莺粟九月九日及中秋夜种之，花必大，子必满。"

宋朝时，人们开始用罂粟入药，用于治疗痢疾、腹痛、咳嗽等病症。宋徽宗时，名医寇宗奭在《本草衍义》中记载："罂粟米性寒，多食利二便，动膀胱气，服食人研此水煮，加蜜作汤饮，甚宜。"

元朝时，中医开始认识到罂粟的巨大副作用，当时的名医朱震亨建议慎用罂粟："今人虚劳咳嗽，多用粟壳止勤；湿热泄沥者，用之止涩。其止病之功虽急，杀人如剑，宜深戒之。"元朝时，蒙古人征服了印度，从当地掠夺了许多鸦片作为战利品，并将其带回中国服食，很受当时的达官显贵欢迎。

到了明朝时，罂粟仍然主要是作为观赏花卉出现的。万历年间，文学家王世懋在《花疏》中写道："芍药之后，罂粟花最繁华，加意灌植，妍好千态。"崇祯年间，旅行家徐霞客在《徐霞客游记》中写道："莺粟花殷红，千叶簇，朵甚巨而密，丰艳不减丹药。"此时鸦片的制造方法已经传入中国，李时珍将鸦片称为"阿芙蓉"，并在《本草纲目》中记载了采收的方法："阿芙蓉前代罕闻，近方有用者。云是罂粟花之津液也。罂粟结青苞时，午后以大针刺其外面青皮，勿损里面硬皮，或三五处，次晨津出，以竹刀刮，收入瓷器，阴干用之。"明朝的鸦片主要从暹罗、爪哇等地进口，随着鸦片进口数量逐渐增加，明朝政府在万历十七年将其列入了征税名单，每十斤征收税银一钱七分三厘。由此可见，当时中国已经有人在吸食鸦片了。

清代沿用明代的制度，将鸦片作为药材进口并征税，康熙二十三年，清政府规定税率为进口每百斤鸦片征银三两。由于用火烧吸食鸦片的方法逐渐流行，当时中国各地吸食鸦片者越来越多，鸦片的进口量迅速增加，同时国内也开始大量种植罂粟、制取鸦片。整个国家都沉浸在鸦片的缭绕烟雾中，难以自拔。

清政府也曾经想控制鸦片的泛滥，林则徐主持了著名的"虎门销烟"。英国政府却不想放弃利润丰厚的鸦片交易，于是悍然发动了鸦片战争，用坚船利炮彻底敲开了腐朽清王朝的大门，并且控制了清朝的海关关税，开始在中国大肆倾销鸦片。

清朝灭亡，民国建立，鸦片却并没有被禁绝，仍然是一种"硬通货"，受到许多人的追捧，当时很多地方的军阀都强迫农民种植罂粟生产鸦片，作为筹集资金的重要手段。

新中国成立后，在中国共产党的领导下，中国人民开始了与鸦片的"全民战争"，经过一系列艰苦卓绝的斗争之后，终于将鸦片从中国这片土地上连根拔起，创造了世界禁毒史的一个奇迹。直到今天，中国仍然是全球禁毒力度最大的国家之一，中国人民曾经深受鸦片的毒害，决不会让这一幕在我们的国家重演。

在世界范围来看，罂粟和鸦片受到了大多数国家的严格管控，但是仍然有许多追求毒品快感的瘾君子存在，庞大的需求让罂粟和鸦片屡禁不绝,还出现了"金三角""金新月"等毒品产地。鸦片经过提纯和加工,可以得到吗啡、海洛因、可待因等多种产品,这些都是具有强烈成瘾性的精神类药品,必须受到严格管控,一旦滥用,它们就成了比鸦片危害更大的毒品。

古柯是另外一种毒品植物,其提取物名为古柯碱,还有另外一个名字可卡因,是与鸦片、海洛因齐名的毒品。

古柯

在植物分类学上,古柯属于牻牛儿苗目古柯科,是一种灌木或者小灌木,高约2至4米。

古柯原产于美洲西北部,位于现在的哥伦比亚、秘鲁和玻利维亚地区,早在4000多年前,当地的原住民已经开始将古柯用作药物和兴奋剂,还在宗教仪式中使用。原住民们将古柯称为"圣药",将其与扇贝或牡蛎的壳焚烧、研碎后的粉末状残渣混合后制成小球状,将这种小球放在嘴里咀嚼,可以让他们感觉不到饥饿和干渴。

哥伦布抵达美洲大陆之后,欧洲人很快就注意到古柯的存在,并从原住民那里学会了如何使用它。

1855年,德国化学家菲烈德克·贾德克首次从古柯叶中提取出麻药成分,将其命名为古柯碱。1859年,奥地利化学家阿尔伯特·尼曼从古柯提取物中精制出更高纯度的活性物质,命名为可卡因。随后很长一段时间,可卡因作为一种"富有魔力的物质",被用作局部麻醉剂、精神刺激剂、抗抑郁剂等,甚至被添加进饮料里。早期的可口可乐中就含有微量的可卡因,直到1906年才将其从配方中剔除。

1914年，美国立法禁止可卡因的出售和使用，不过到了60年代，随着"反文化运动"的兴起，滥用可卡因在美国年轻人中成为潮流，从此开始在美国泛滥。

滥用可卡因可能会引起急性中毒，表现为极度激动、不安、精神异常、视物不清、四肢震颤，严重者可能诱发心律紊乱、全身抽搐，甚至可能引起呼吸衰竭而导致死亡。

长期滥用可卡因会产生心理、生理依赖性，表现出焦虑、倦怠和极度兴奋等症状，酷似妄想精神分裂症，并且可能产生严重的幻觉，认为皮肤上总是有昆虫附着，由此引发自残行为，还可能导致吸食者恐惧不安，并怀疑自己被人监视、跟踪。

相比于罂粟和古柯，大麻对人体的危害性相对较低，不过毫无疑问的是，大麻仍然是一种毒品，和罂粟、古柯同为世界三大毒品之一。

大麻也叫作火麻、胡麻，在植物分类学上属于桑科大麻属，原产于中国、印度、伊朗等地，是一种一年生直立草本植物，高1～3米。大麻属有多个种和变种。一般作为毒品使用的是亚洲大麻的一个变种，称为印度大麻。

人类使用大麻的历史非常久远，早在数千年前，中国人就已经开始种植和使用大麻，当然并不是作为毒品，而是取其中的纤维编织渔网、制作衣物，大麻籽可以直接食用，也可以用来榨油。中国人很早就发现大麻有致幻作用，《神农本草经》中有"麻蕡多食，人见鬼，狂走，久服通神明"，其中的"麻蕡"指的是带壳的大麻种子，所谓"见鬼""通神明"则是因为服食大麻籽之后出现了幻觉。

在世界其他地方，大麻很早就在宗教和娱乐方面得到了广泛应用。早在4000多年前，印度的僧人将大麻称为"通向天国的向导"，他们将大麻作为麻醉剂，使人产生幻觉，从而达到与神沟通的效果。由于阿拉伯人的宗教信仰不允许饮酒，因此使用大麻作为替代品，他们将大麻叶捣烂成汁，饮后能使人麻醉，产生飘飘欲仙的感觉。

欧美国家引入大麻较晚，直到16世纪才开始广泛栽培。因为大麻的纤维可以用来制造船帆、绳索，所以大麻很快就成为航海所需的重要战略物资，英、美等国家甚至出台法律强制农民种植大麻。

第二次世界大战期间，由于日本切断了来自亚洲的纤维渠道，大麻的地位变得极为重要，美国专门成立了"战时大麻工业生产局"，鼓励农民种植大麻，用以制作降落伞、帐篷、绳索等战略物资，还提出了"大麻为了胜利（Hemp for Victory）"的口号。

第二次世界大战结束之后，随着石油化工产业的迅速发展，大麻在工业生产中的重要性开始降低，与此同时，许多人开始滥用大麻作为麻醉剂、致幻剂，造成严重的危害。1971年，美国总统尼克松下令组建美国缉毒署，并将大麻与海洛因、可卡因共同列入一级管制品。

相比于鸦片、海洛因和可卡因，大麻对于吸食者的伤害相对较小，成瘾性也较低，戒断相对容易，所以很多西方国家开始推动大麻合法化，但是实际上大麻的社会危害性并不低。大麻被称为"通向毒品世界的向导"，随着吸食者身体耐受性的增加，吸食大麻获得的快感会逐渐降低，当从大麻获得的快感无法满足需求时，吸食者就会去寻求其他更加刺激的毒品，从而一步步堕入魔鬼的陷阱。所以，大麻就是毒品，决不能对其放松管控。

除了罂粟、古柯、大麻这"毒品三巨头"之外，还有许多植物含有各种神经活性物质，能够给人类带来快感，比如恰特草。恰特草也叫作阿拉伯茶，在植物分类学上属于卫矛科巧茶属，原产于非洲的埃塞俄比亚地区。恰特草中含多种神经活性物质，放在嘴里咀嚼可以让人产生快乐的感觉，甚至能够忘记饥饿和疲劳。

在位于阿拉伯半岛南端的也门，超过70%的人都有嚼食恰特草的习惯，许多人从年幼时就开始接触恰特草，也门的家庭平均会花费17%的收入来购买恰特草，可以说，整个也门都沉浸在恰特草带来的短暂快感中无法自拔。

全民沉迷恰特草给也门带来了一系列社会问题，在幻觉影响下，打架斗殴每天都在也门的街头发生，嚼着恰特草的司机开着车在街上横冲直撞，没钱买恰特草的瘾君子铤而走险……更重要的是，因为大量的土地和水源用于种植恰特草，也门一直在持续性地发生饥荒，需要接受国外的粮食援助才能勉强保持温饱。对于这种种乱象，沉迷在恰特草美妙幻觉中的也门人却并不在意，更没有去改变的动力，而对于那些还保持清醒的有识之士，他们绝望地发现恰特草已经深深嵌入整个也门的经济体系，无数人靠种植、贩卖恰特草养家糊口，更多的人则靠着"嚼草"度过每一天，整个也门已经陷入了恰特草的魔爪，看不到挣脱的希望。如果没有刮骨疗毒的决心和雷霆万钧的行动，也门恐怕永远也无法从这个"魔鬼"手中挣脱出来。

如果还有人对毒品给一个民族、一个国家带来的危害有所怀疑，那也门就是一个近在眼前的例子。

珍爱生命，远离毒品，健康一生。

12 跨万水千山

在地球上,每个地区都有自己独特的气候、水土条件,形成了一个个各具特色的生态系统,其中有些生态系统之间交流比较频繁,所以物种也相似,但也有些生态系统因为地理位置独特,与其他生态系统隔绝开来,经过数万、数十万甚至数百万年漫长岁月的演化,出现了许多独特的物种。

在人类出现之前,不同地区生态系统之间的交流比较困难,海洋、沙漠、冰原、高山都成为生物难以突破的"生命禁区",只有少数"幸运儿"才能够跨越天堑,将自己的后代撒播到其他生态系统。

人类的出现彻底改变了这个局面。作为"万物之灵",人类从诞生那天就开始了征服自然的旅程,我们祖先的足迹跨过海洋和高山、穿过沙漠和冰原,抵达了这个世界的各个角落。

随着活动范围的扩大,人们开始有意识地将一个区域的独特物种带到另一个区域,这种行为就是"引种"。我们在前面提到过的所有粮食、蔬菜、水果和其他农作物,都是通过引种才能够在世界范围内广泛传播的。

欧亚大陆连为一体,虽然有高山荒漠阻隔,不过这显然阻挡不了人们引种优良作物的脚步。

中国历史上第一次大规模引种外来作物发生在西汉时期，也就是张骞出使西域。

张骞出使西域

西域这个词最早见于《汉书·西域传》，是中原地区对西方地域和国家的称呼。狭义的西域汉代大概是今天中国的新疆地区，汉朝时曾经在这里设置了西域都护府，下辖地区为玉门关及阳关以西、葱岭以东、昆仑山以北、巴尔喀什湖以南的广袤区域。广义的西域所包括的范围则要大得多，除了新疆地区之外，还包括葱岭以西的中亚、西亚、印度、高加索、黑海沿岸等地，也就是今天的阿富汗、伊朗、乌兹别克至地中海沿岸，甚至达东欧、南欧。从某种意义上来说，西域这个词完全可以涵盖中原往西直到大西洋的广袤土地。

汉武帝即位后，为了解决匈奴的威胁，决定联合西域的大月氏一同攻击匈奴，于是下令选拔人才作为使者前往大月氏进行联络。张骞当时是郎官，大概相当于皇帝的侍从，得知这件事后便挺身而出，被汉武帝封为前往大月氏的使者。

张骞先后两次出使西域，在强大汉朝的影响力支持下建立起了一条横贯东西的通道，极大地促进了中国和西方的文化、贸易交流。这条通道经过后人的不断发展，最终成为连接东西方文明的"丝绸之路"。

出使西域期间，张骞不但深入了解了当地的风土人情，还将许多当地特产作物的种子带回了中原，包括葡萄、黄瓜、胡麻、甘蔗、蚕豆等数十种，除了植物种子之外，张骞还带回了酿酒、制糖等加工技术，为中原地区的手工业技术发展起到了重要推动作用。随着东西方交流的加深，中国的丝绸、陶瓷也源源不断地通过丝绸之路运往了西方，东西方文明开始了他们之间的"第一次接触"。

中国历史上第二次大规模地引种发生在明清时期，当时引种的主要是来自美洲的物种。

15世纪末，哥伦布抵达了美洲大陆，成为首批抵达此处的欧洲人，这就是所谓的"发现新大陆"。事实上，印第安原住民已经在这片土地上生活了数千年。

哥伦布

美洲大陆与欧亚大陆之间隔着浩瀚的大西洋和太平洋，独特的环境造就出了许多不同的物种，欧洲殖民者在对美洲不断掠夺的同时，也将很多美洲大陆独有的物种带回了欧洲，其中既有土豆、玉米这样高产的优质粮食作物，也有西红柿、胡萝卜这样美味的蔬菜，还有橡胶这样重要的工业原料，当然，也少不了古柯这样的"魔鬼"。

随着东西方的陆上、海上贸易，欧洲殖民者从美洲得到的各种植物逐渐传播到中国、印度、东南亚、日本等国家和地区。

引种为当地带来了新的作物，同时也可能会引起许多问题，其中最受关注的就是物种入侵。

所谓物种入侵，是外来的物种在当地缺乏可以控制的天敌而大量繁殖，由此引起的生物危害事件。按照入侵形式的不同，物种入侵可以分为自然入侵、无意引进和有意引进三类。

自然入侵和人类没什么关系，由植物自身通过风、水流以及昆虫、鸟类或者哺乳动物携带，在不同的生态区域之间进行移动，我们在海边经常看到的椰子树其实就是一种比较典型的自然入侵。

椰子在植物分类学上属于棕榈科椰子属，广泛分布于热带、亚热带的海边，无论是亚洲、欧洲、非洲、美洲还是大洋洲都有椰子的身影，就算是太平洋中只有巴掌大的小岛上也有椰子树生长。之所以能够分布如此广泛，全靠椰子特殊的传播方式。

椰子树

椰子的果实外面包裹着一层厚厚的纤维状外果皮，内层则是骨头般坚硬的内果皮，保护着内部的椰汁、胚乳和种子。椰子成熟以后就会从椰树上掉落到海里，然后随着海水飘荡，直到被冲上一处海岸，椰子才会生根发芽，最终成长为一棵高大的椰子树，再将自己的子孙后代送入大海。凭着这种特殊的传播方式，椰子几乎抵达了热带、亚热带所有的海岸，因为椰子的入侵已经发生了很多年，所以现在人们基本上不会将其视为入侵物种，好像它们本来就应该出现在世界各地的海滩上一样。

相比于自然入侵，人类带来的影响要大得多，许多严重的物种入侵都是由人类有意或者无意地引发的，特别是近代以来，随着科技、经济的不断发展，各个区域之间的人类交往变得日益频繁，让物种入侵变得更加频繁。

有些入侵物种是在人类不知情的情况下，借助人类的交通工具或其他途径完成从一个区域到另外一个区域的跨越，这就是无意引进。

众所周知，小麦是当今世界上最重要的粮食作物之一，早在公元前7000年就已经在美索不达米亚平原广泛种植，随后逐渐扩散到全世界，但是很少有人知道，跟小麦一同扩散的还有另外一种植物，那就是毒麦。毒麦在全球范围内的扩散，就是人类无意引进的结果。

毒麦在植物分类学上属于禾本科黑麦草属，是一种一年生草本植物，外形和小麦十分相似，混杂在麦田中很难区分。毒麦的种子和小麦长得几乎一模一样，都是黄色带芒的颖果，不过在这人畜无害的外表下却隐藏着危险的毒剂，毒麦的内种皮与淀粉层之间寄生着会产生毒麦碱等毒素的真菌菌丝，人吃了毒麦后会出现眩晕、无法思考、眼睛看不清、说话有困难等症状，看起来像是喝醉了酒或者突然发了疯，牲畜食用毒麦也会中毒晕倒或者发狂，所以毒麦也被叫作疯麦，在古希腊人们将毒麦称为"让人发疯的植物"。如果摄入的量比较大，毒麦会引起中枢神经系统麻痹，最终导致死亡。

中国引入小麦之后，同样受到了毒麦的危害，所以在许多医书中都有"面有微毒"的说法。宋代苏颂编著的《本草图经》中就有这样的记载："小麦性寒，作面则温而有毒。"明代慎懋官在《花木考》中写道："小麦种来自西国寒温之地，中华人食之，率致风壅。昔达磨游震旦，见食面者惊曰：'安得此杀人之物'。"其实有毒的是混在小麦中的毒麦，不过当时的人们很难分清两者的区别，更别说将毒麦剔除了。

幸运的是，随着现代农业技术的发展，采用种子清洗和除草剂等先进技术，人们终于能够将毒麦完全从小麦的麦种中剔除，我们现在所吃的小麦中再也没有鱼目混珠的毒麦了。

出于各种各样的目的，人们会有意识地将一种植物从一个地方引种到另外一个地方，这就是有意引入，但是这些被引入的物种不一定会带来人们希望看到的结果。被引入的物种如果脱离了人类的掌控，往往会演变成物种入侵事件，历史上这种事屡见不鲜，就像是大自然在嘲弄着人类的骄傲自大。

水葫芦这个名字对于中国人来说可谓如雷贯耳，几乎可以作为入侵植物的代名词。

水葫芦的学名叫作凤眼蓝,在植物分类学上属于雨久花科凤眼蓝属,是一种浮水草本植物,能够开出漂亮的紫色花朵。

水葫芦

水葫芦原产于巴西,由于有各种天敌的存在,它在原产地并没有什么特殊的表现,被当地人作为一种观赏植物。1844年,水葫芦出现在美国的博览会上,因为漂亮的紫色花朵受到了广泛的赞誉,随后许多国家都引入水葫芦进行栽培观赏。1901年,水葫芦作为观赏花卉引入中国,随后人们发现它不但能用作家畜、家禽的饲料,还可以净化水质,所以从20世纪30年代开始大力推广种植。

水葫芦具有超强的繁殖能力,不仅可以通过种子繁殖,还可以直接无性繁殖,在适宜的条件下,一株水葫芦在一个月之内能繁衍为4000株左右,由于没有天敌的控制,在短时间内就会泛滥成灾,甚至布满整个水面。疯狂繁殖的水葫芦不但会挤占其他水生动植物的生存空间,还会给河道航运造成巨大的影响。在水葫芦泛滥的地区,每年都需要花费巨资对其进行打捞。

近年来为了控制水葫芦的泛滥,人们采用了捕捞、引入天敌、投放除草剂等一系列方法,取得了很好的成效,在中国各地的水域中,水葫芦泛滥的情况已经很少出现了。

和已经过气的水葫芦不同,加拿大一枝黄花是目前中国最受关注的入侵植物之一。

加拿大一枝黄花也有黄莺、麒麟草、野黄菊、山边半枝香等名字,在植物分类学上属于桔梗目菊科一枝黄花属,是一种高大的多年生草本植物，植株高度可以达到2.5米，能够开出一串色泽亮丽的黄花。

加拿大一枝黄花

虽然看起来十分漂亮可爱，加拿大一枝黄花却是不折不扣的"生态杀手"，它拥有发达的根状茎，能够进行无性繁殖，也能够通过种子繁衍，所以它的繁殖力极强，传播速度极快，与本土其他植物相比具有明显的生长优势，与其他植物争夺阳光和土壤中的养分，很容易导致附近植物死亡。加拿大一枝黄花的根部还会分泌抑制种子发芽的物质，可谓"黄花过处寸草不生"，对生物多样性构成了严重威胁。除此之外，加拿大一枝黄花的生命力极为顽强，就算被连根拔起，只要地下有根茎残存，很快就会再次萌发出来，所以很难彻底清除。

目前加拿大一枝黄花已经被列入了《中国外来入侵物种名单》，并且受到了重点关注。如果你在野外看到鲜艳夺目的加拿大一枝黄花，请立刻向当地的相关部门报告。

外来物种的入侵给我们带来了许多麻烦，原本在中国人畜无害的植物到了国外也可能会变成令人谈之色变的入侵物种，虎杖就是其中之一。

虎杖也叫作大虫杖、苦杖、血藤、九龙根，在植物分类学上属于蓼科虎杖属，是一种多年生草本植物，起源于中国，在中国各地都有分布，同时在日本、朝鲜也有分布，在日本被称为日本虎杖。

　　传说中，名医孙思邈曾经遇到过一只前腿受伤的老虎向他求助，孙思邈从附近找来药草捣碎制成药膏，敷在老虎的伤腿上，没过几天老虎的伤腿就恢复如初，从此就成了孙思邈的坐骑，而他用来为老虎治疗伤腿的药草则被称为虎杖。

中国虎杖

　　虎杖在中国是一种常用的中药，中医学认为虎杖味苦、性平，具有祛风、利湿、破瘀、通经的功用。由于虎杖的需求量很大，野生的虎杖无法满足人们的需求，所以有很多地方专门开辟药田来种植虎杖，这成为药农发家致富的途径之一。

　　虎杖传入日本后被称为日本虎杖，和中国虎杖主要作为药材使用不同，日本虎杖在当地主要是作为观赏植物出现的。19世纪，欧洲的植物学家来到日本，对于虎杖这种神奇而美丽的植物十分好奇，将其带回欧洲种植。也正是这一时期，虎杖进入了英国。

　　由于没有天敌，虎杖开始在英国迅速扩散。到了今天，虎杖已经成为英国最普遍的植物之一，英国的各个地区都能发现虎杖的身影。

　　虎杖的生长速度极快，而且植株高大、叶片茂密，极大地挤压了其他植物的生长空间，导致英国本土的植物逐渐消亡。另外，虎杖能够在水泥和墙壁的缝隙中生长，将缝隙越撑越大，所以对建筑物具有极强的破坏力，被称为"建筑杀手"。为了保证安全，英国每年都要花费大量的资金和人力来维修虎杖造成的建筑物和桥梁的损坏。更麻烦的是，虎杖的根系十分发达，最多可以深入地下 10 米，而且生命力极为顽强，只要清理时剩下的残留组织超过 0.8 克，就有可能卷土重来，过不了多久就会再长出一片高大茂盛的虎杖。在英国，只要房子周围出现虎杖，房屋的价值就会大幅下降。

在美国西部影片里的荒原上，经常可以看到许多随风滚动的干枯草球，这就是所谓的风滚草，它也是一种著名的入侵物种。

风滚草也叫作俄罗斯刺沙蓬，在植物分类学上属于藜科猪毛菜属，是一种一年生草本植物。风滚草的生命力极强，还有一项独门绝技，每当干旱来临，它就会将根从土里收起来，枝叶干枯收缩，整棵植株团成一个干枯的草团，随风四处滚动，同时一路传播自己的种子。一旦遇到适宜的环境，风滚草就会重新扎根发芽，开始新的生命。因为这个特性，风滚草也被称为"荒原流浪汉"。

风滚草

19 世纪时，美国从俄罗斯进口亚麻籽，其中夹带了一些风滚草的种子，由于美国西部地势广阔平坦，十分适合风滚草的生存和繁衍，于是没过多久，风滚草就在美国西部泛滥成灾，甚至成为美国西部影片的经典元素之一。提起美国西部的标志，风滚草绝对是其中之一。

风滚草在美国西部的泛滥，给当地人造成了许多麻烦。大量的风滚草会将居民的房屋全都压在下面，让居民无法出门，甚至能够"淹没"整个小镇。干燥的风滚草极为易燃，一旦遇到火源就会迅速燃烧，而且还会随风将火焰带到远方，从而引发大规模的火灾。

风滚草的幼苗还会与其他植物争夺养分,对农业生产造成破坏。

澳大利亚曾经引种风滚草作为牲畜的饲料,却发现牲畜吃了风滚草会中毒,只得作罢。然而澳大利亚的气候很适合风滚草繁衍生息,没用多长时间,风滚草就在澳大利亚泛滥成灾了。

惨痛的教训告诉我们,必须时刻对大自然保持敬畏之心,引种作物时要小心谨慎,否则很可能会受到来自大自然的惨痛教训。

13 春雨惊春清谷天

在中国的传统文化中，想要做好一件事，需要天时、地利、人和齐备，对于农业种植来说更是如此。想要获得丰收，就必须知道何时播种、何时浇灌、何时收获……这就是所谓的农时。《孟子·梁惠王上》中说："不违农时，谷不可胜食也。"可见古人对于农时的重视，而一旦错过农时，一年的收获就可能会竹篮打水一场空。

经过长时间的摸索，古人们探索出了一套计算农时的方法，也就是所谓的节气，通过将一年分成二十四个节气，来提醒人们到了什么时节，后人还把二十四个节气编成了歌谣："春雨惊春清谷天，夏满芒夏暑相连。秋处露秋寒霜降，冬雪雪冬小大寒。每月两节不变更，最多相差一两天。上半年来六廿一，下半年是八廿三。"相信大家都对这首歌谣耳熟能详。

二十四节气是中国农耕文明的产物，是上古先民顺应农时，通过观察天体运行，对一年中时令、气候、物候等方面变化规律的认知，有着悠久的历史。

中国人从很早就开始记录季节变化和太阳、星辰位置的关系，发现斗转星移与季节变换有着密切的关系，二十四节气最初就是依据北斗七星的"斗转星移"来制定的，后来改为依据太阳在黄道上的位置来制定。两种方法虽然不同，但因为造成"斗转星移"的原因是地球绕太阳公转，所以两者确定出来的节气时间基本一致。

二十四节气分别为：立春、雨水、惊蛰、春分、清明、谷雨、立夏、小满、芒种、夏至、小暑、大暑、立秋、处暑、白露、秋分、寒露、霜降、立冬、小雪、大雪、冬至、小寒、大寒。按照太阳历计算，上半年的节气在每月的6日和21日，下半年的节气在每月的8日和23日，可能会有前后一两天的变更。

春

立春，在有些地方也叫作立春节、正月节、岁节、岁旦等，是二十四节气中的第一个节气。"立"，是开始的意思，立春代表着万物起始、一切更生，标志着寒冷的冬季已过去，即将进入风和日暖、万物生长的春季。

雨水，是春季第二个节气，标志着天空不再有雪花飘落，开始转为降雨，不过实际上雨水节气的天气变化不定，忽冷忽热，乍暖还寒，北方在寒潮的影响下降下大雪也不是稀罕的事情。

惊蛰，是春季第三个节气，标志着阳气上升、气温回暖、春雷乍动、雨水增多，植物开始发芽，小动物纷纷从藏身处现身，万物开始焕发出盎然生机，所以，古人一般将惊蛰作为春耕开始的节气。

春分，是春季第四个节气，古时又称为日中、日夜分、仲春之月、升分等，这一天白天和黑夜等长，都是12小时。

清明，是春季的第五个节气，此时阳光明媚、草木萌动、气清景明,万物吐故纳新、生机勃勃。对于中国人来说,清明也是一个重要的传统节日,最重要的活动就是踏青和祭扫先人。

谷雨,是春季的最后一个节气,意味着"雨生百谷",此时降水明显增加,田中的秧苗方插、新芽初露,得到雨水的滋润才能茁壮成长。

立夏,是夏季的第一个节气,标志着夏天的到来,万物开始迅速生长。立夏后日照时间逐渐增加,气温开始升高,降水多为雷雨,农作物进入了茁壮成长的阶段。

夏

小满,是夏季的第二个节气,标志着雨水开始增多,中国南方开始进入了雨季,江河中的水逐渐满盈,与此同时,北方的麦类等夏熟作物开始灌浆,不过还未完全饱满,只是小满。

芒种,是夏季的第三个节气,意为"有芒之谷类作物可种",提醒人们应该种植晚稻了。芒种是一年中最后的播种时机,民间谚语有"芒种不种,再种无用"的说法。在北方,芒种时节正是小麦收获的时候。

夏至,是夏季第四个节气,在北半球,夏至当天是一年中白昼最长的一天,夏至过后白昼的长度开始逐渐缩短。在中国北方的很多地方,有在夏至这一天吃凉面的习俗。

小暑,是夏季第五个节气,天气开始变得炎热,但还没到最热的时候。小暑时节阳光猛烈、高温多雨,有利于农作物成长。

大暑,是夏季最后一个节气,此时阳光炽烈、高温多雨,是一年中最热的时候,民间有"小暑大暑,上蒸下煮"的谚语。虽然对人来说湿热难熬，不过此时的气候却十分有利于植物的成长，农作物在此期间成长最快。

立秋，是秋季的第一个节气，此时阳气渐收、阴气渐长，自然万物开始从繁茂成长转向萧索成熟。不过立秋并不代表酷热天气的结束，按照"三伏"的算法，立秋这天往往还处在"中伏"期间，所以有"秋后一伏"的说法。

秋

处暑，是秋季第二个节气，意为"出暑"，意味着暑气消退，酷热难熬的夏天终于到了尾声。

白露，是秋季第三个节气，此时南风逐渐转为北风，天气开始逐渐转凉，昼夜温差扩大。

秋分，是秋季第四个节气，这天太阳光几乎直射地球赤道，昼夜等长，秋分过后，气温降低的速度明显加快。

寒露，是秋季的第五个节气，此时南方降雨开始减少，天气变得干燥凉爽，而北方大部分地区即将进入冬季，秋风萧瑟，寒意渐浓。

霜降，是秋季的最后一个节气，霜降节气后，深秋景象明显，冷空气南下越来越频繁。值得注意的是，霜降并不是说要降霜了，而是表示气温骤降、昼夜温差大。

立冬，是冬季的第一个节气，意味着生气开始闭蓄，万物进入休养、收藏状态，气候也由秋季的少雨干燥向冬季的霜雪寒冻转变。

小雪，是冬季第二个节气，从此时开始，来自西伯利亚的冷空气逐渐活跃起来，天气会越来越冷，同时降水量开始增加。

大雪，是冬季的第三个节气，随着冷空气的持续南下，各地的气温继续显著下降，同时降水量保持在较高水平。

冬

冬至，是冬季的第四个节气，在北半球，冬至是全年中白昼最短的一天，也是"数九寒天"开始的日子。在中国很多地方，冬至还是一个重要的节日，在中国北方的传说中，冬至当天必须要吃饺子，否则就会在寒冷的冬天里冻掉耳朵。

小寒，是冬季的第五个节气，此时在频繁南下的冷空气作用下，气温持续降低。在中国北方地区小寒节气比大寒节气更冷，所以北方有"小寒胜大寒"一说，民间有谚语"小寒时处二三九，天寒地冻冷到抖"，可见小寒时节的寒冷。

大寒，是冬季的第六个节气，也是全年最后一个节气。在我国南方沿海一带，全年最低气温出现在大寒节气内，此时正是最冷的时节。

大寒过后，立春再至，新的一年又开始了。

二十四节气是中华民族悠久历史文化的重要组成部分，描述了人们对于自然的认识和理解，表达了中国人独特的时间观念，蕴含着中华民族悠久的文化内涵和历史积淀，不仅在农业生产方面起到了重要的指导作用，同时还影响着古人的衣食住行，甚至是文化观念。

除了用节气来标记农时之外，古代的中国人还从各个角度总结了许多农业种植方面的经验，将其编纂成书，将这些经验和知识流传后世。

中国古代流传最广、专业性最强、知识最丰富的农业书籍包括《氾胜之书》《齐民要术》《农书》和《农政全书》，被称为"四大农书"。

《氾胜之书》创作于西汉晚期，作者是当时著名的农学家氾胜之，书中主要记录了黄河中游地区人民的耕作习惯、栽培施肥、选种留种、除草嫁接等农业知识，是中国第一本农业书籍，代表了当时农业科技的最高水平。

《氾胜之书》原本是氾胜之所著的一系列关于农业的文章，原名是《氾胜之十八篇》，被收录在《汉书·艺文志》中，被列为农家类，《氾胜之书》这个名字最早出现在《隋书·经籍志》，后来成为该书的通称。

早在汉朝时，《氾胜之书》就已经有了很高的声誉，东汉著名学者郑玄在注解《周礼·地官·草人》时就曾经提到氾胜之："土化之法，化之使美，若氾胜之术也。"《齐民要术》《农书》等农业著作也大量引用了《氾胜之书》的内容。

隋唐时期，《氾胜之书》仍有流传，《隋书·经籍志》《旧唐书·经籍志》《新唐书·艺文志》都将收录了这本书，唐代至北宋初年，《北堂书钞》《艺文类聚》《初学记》《太平御览》《事类赋》等类书中也摘录了《氾胜之书》。北宋年间，《氾胜之书》逐渐散佚，后世所见《氾胜之书》的内容，大都出自《齐民要术》等农业著作的引用。即便如此，《氾胜之书》在中国农业史上的地位仍然无法动摇，可以说是中国农业专著的开山之作。

《齐民要术》的作者是南北朝时期杰出的农学家贾思勰，该书成书于北魏末年，书名中的"齐民"指平民百姓，"要术"是谋生方法的意思。《齐民要术》共10卷92篇，系统地总结介绍了当时中原地区的农牧业生产经验，以及食品的加工与贮藏、野生植物的利用等方面的知识，详细分析了季节、气候、土壤与农作物之间的关系，被誉为"中国古代农业百科全书"，是中国现存最早的完整的农业书籍。

在《齐民要术》中，贾思勰通过对农学类目进行合理的归类，建立起了较为完整的农业科学体系，分门别类地对开荒、耕地、播种、收获，以及后续的加工、利用等一系列过程进行了详细的记述，除了农业种植之外，《齐民要术》中还记述了林业种植和禽畜养殖等方面的内容。

贾思勰在《齐民要术》中对秦汉以来中国黄河流域的农业科学技术知识进行了系统的总结，通过对《氾胜之书》等前人著作的引用和总结，保存了北魏之前农业技术的精华，同时介绍了《氾胜之书》成书后北方农业生产中总结的新经验、新成就，例如新发明的农具对耕作效率的提升，以及轮作倒茬、种植绿肥、良种选育等当时最先进的农业技术。《齐民要术》的出现为中国的农业研究指明了方向，在此后的1000多年中，中国的农业研究书籍都以其为范本，元代的《农桑辑要》和《农书》、明代的《农政全书》、清代的《授时通考》均受其影响。

《农书》成书于元仁宗皇庆二年，是中国历史上第一部详细介绍农业工具、机械的著作，也是第一部对南方农业生产经验进行总结的农书，作者是元代著名的农学家、农业机械学家王祯。明朝永乐年间编纂的《永乐大典》收录了《农书》的内容。

《农书》共37集，内容可分成三部分：第一部分是《农桑通诀》，共6集，是对中国南方和北方农业生产的总体论述，对土地利用方式和农田水利技术都有颇为详细的叙述，是作者农学思想体系的体现；第二部分是《百谷谱》，共11集，分门别类地介绍了各种粮食作物、蔬菜、水果等农作物的栽培技术；第三部分是《农器图谱》，共20集，是本书最重要的部分，占据了全书80%的篇幅，采用图文并茂的方式详细介绍了当时的各种农具和农业机械，是后世研究古代农具的重要史料。

《农政全书》的作者是明代著名科学家徐光启，该书成书于明朝万历年间，共60卷，从多个角度介绍了中国明代的农业生产和人民生活，同时也是作者农政思想的集中体现，这是本书区别于其他农业书籍的特色所在。

徐光启在科学方面取得了许多成果。他曾同传教士利玛窦等人一同翻译了《几何原本》《泰西水法》等多部科学著作，是向中国人介绍西方近代科学的先驱；编写了《测量异同》《勾股义》等数学、几何方面的著作；主持了《崇祯历书》的编写工作；制造火器、训练士兵，击退了后金的进攻。其中影响最深远的还是他在农业和水利方面的研究。

《农政全书》在对前人所著有关农业的文献进行系统引用的基础上，取其精华去其糟粕，加上自己的研究成果和心得体会，最终编撰成书。《农政全书》的主导思想是"富国必以本业"，按内容可大致分为农政措施和农业技术两部分。

新中国成立后，农业技术的研究和推广被提到了一个新的高度，涌现出了以袁隆平为代表的众多农业科学家，为中国人"吃饱""吃好"贡献着自己的力量，他们都是中国当代"神农"，值得我们所有人敬仰。

除了这些拼搏在农业科技最前沿的科学家，还有许多人奋斗在乡村的田间地头，将先进的农业技术传授给农民，他们通过技术引进、试验、示范和指导，将农业优良品种、先进技术和实用技术传授给广大农民和农业生产企业，为我国的农业生产做出了杰出贡献。

14 春种一粒粟

在农业种植的过程中,种子是最基本、最重要的物资,正所谓"春种一粒粟,秋收万颗子",如果没有种子,种植活动根本无从开始,更别提丰收了。在过去,农民们宁愿在冬季彻骨的寒风中忍饥挨饿,也不肯吃掉存储的种子,因为在他们的心目中,种子就代表了未来的希望。

种子发芽

一般来说,获得种子并不是一件困难的事情。大多数植物都是通过种子进行繁殖的,人们只需要在农作物成熟之后,将它们的种子收集起来,就可以在来年播种了。

在自然条件下,只有对环境适应能力强的植物种子才能够萌发、成长，最终获得将自己的遗传基因传递给后代的机会，对环境适应能力弱的种子无法长大，这个过程称为自然筛选，也就是所谓的"物竞天择，适者生存"。

当人类开始种植植物之后，对它们有了许多新的要求，比如产量高、口感好、耐旱耐涝、抗病虫害等，人们按照这个标准对农作物进行筛选，将其中最优秀的挑选出来作为种子，用于来年的耕种，这个过程称为人工筛选。经过一代又一代人的筛选，各地的农作物逐渐形成了相对稳定的品种。

虽然人工筛选可以挑选出较好的农作物品种，但是通过这种方式获得的种子质量并不稳定，可能会出现品种退化、病害污染等一系列问题，为了弥补传统种子的缺陷，现代农业通过育种这一技术来获得高质量的种子。

育种也叫作品种改良，指通过创造遗传变异、改良遗传特性，获得优质、高效的农作物种子，提升农作物对抗病虫、旱涝、倒伏等危害的抵抗力，从而保证农作物的产量和质量。

按照手段的不同，育种方式可以分为五类：杂交育种、诱变育种、单倍体育种、多倍体育种、基因工程育种。

提到杂交，中国人首先想到的一般都是杂交水稻，以及"杂交水稻之父"袁隆平。顾名思义，杂交育种是通过杂交的方式产生优良品种的过程。杂交可以将同一物种的不同品种分别拥有的多个优良性状集中在一个新品种中，还可以产生杂种优势，获得比本品种更好的新品种。

以水稻为例，一种水稻的产量较高，但是抗病虫害能力比较差，另外一种水稻抗病虫害能力强，但是产量较低，将两者进行杂交的话，就可能会产生不但产量高，而且抗病虫害能力强的新品种水稻，也会产生产量低且抗病虫害能力弱的新品种水稻，前者被保留下来，后者则被淘汰，这就是杂交水稻的基本原理。虽然说起来简单，但实际运作起来要复杂得多，因为同一个植物可能有几百个不同的性状，每次杂交得到的结果都是随机的，需要连续不断地进行几十、几百甚至上千次的实验，才可能得到符合要求的理想品种。袁隆平和许多农业科学家一起研究出来的杂交水稻成功地解决了中国十几亿人口的吃饭问题，对于国家安全和人民温饱具有十分重要的意义。

相对于动物来说，植物之间的生殖隔离比较弱，不但同一物种的不同品种之间可以进行杂交，有时候在同一属、甚至同一科的植物之间也能够进行杂交，比如我们现在所吃到的大白菜，就是同为十字花科的菘与蔓菁进行杂交之后产生的新物种。

杂交育种可以产生具有多种优良性状的品种，但是这些品种并不稳定，后代会出现性状分离，所以杂交育种的农作物不能通过留种的方式进行繁殖，只能不断购买种子进行种植。对于国家来说，如何保证能够不断提供品质优良的种子是一个关乎国家安全的重要问题。

通过杂交育种，人们可以将农作物现有的优良特性进行转移，但是并不能产生自然界中不存在的新特性，这种时候就需要用到诱变育种的手段。

诱变育种是指在人为干预下，利用物理、化学等外界刺激使种子产生突变，从而获得新的品种特性。和古老的农业技术相比，诱变育种是一门新兴的技术，从发现至今不足百年。

1928 年，科学家发现 X 射线能够让玉米和大麦的种子发生变异，随后利用 X 射线的辐射照射大麦种子，得到了有实用价值的突变体。1942 年，科学家发现芥子气和 X 射线的效果类似，也能导致种子发生突变。50 年代以后，诱变育种方法得到改进，诱变因素从早期的 X 射线发展到 γ 射线、中子、多种化学诱变剂和生理活性物质，诱变方法从单一处理发展到复合处理，成效更为显著，如美国采用 X 射线和中子共同作用，育成了能够抵抗枯萎病的胡椒品种。

随着航天技术的发展，人们还把农作物的种子送入太空，在宇宙射线的作用下产生突变，从而产生新的性状，这些种子回收之后种植出来的农作物称为"太空蔬菜""太空水果"。

诱变育种能够提高变异频率，变异范围广，加速育种过程，可以大幅度改良某些性状，甚至出现某些原本不存在的新性状，但变异的方向和性质难以控制，获得有益突变的概率相对较低。如何提高诱变效率、迅速鉴定和筛选突变体、探索定向诱变的途径，是诱变育种未来研究的重要方向。

我们都知道，植物需要一定的生长周期才能长大成熟、开花结果，而很多突变性状都需要在植物结果之后才能表现出来，为了加快性状分离、提高育种的速度，科学家们发明了单倍体育种技术。

单倍体育种是利用了植物细胞具有全能性和再生性的特点，应用组织培养技术对花粉、子房、胚珠等单倍体细胞进行培养，使其发育成植株幼苗，再将单倍体幼苗用秋水仙素进行处理。秋水仙素会引起植物细胞的有丝分裂过程出现问题，使染色体停滞在分裂中期，导致幼苗细胞中的染色体加倍，从而可以得到具有突变性状的纯合体。通过这种方式，我们可以在较短的时间内迅速分离出各种突变性状，从而加快育种筛选的速度。

多倍体育种和单倍体育种类似，都是采用秋水仙素进行处理，不同点在于处理的对象不是植物的单倍体，而是正常植物的种子或者幼苗，在秋水仙碱的作用下，植物细胞有丝分裂停滞在分裂中期，导致细胞中出现多组染色体，也就是所谓的多倍体。

相比于普通作物，多倍体作物的茎秆更粗，果实个头更大，营养物质含量也更多。因为多倍体植物染色体分裂紊乱，所以很难形成正常的生殖细胞，所以多倍体作物基本上无法进行自然繁殖，其中最典型的就是我们夏天喜爱的"无籽西瓜"，就是用多倍体育种技术处理过的。

基因工程育种也就是我们经常听到的转基因技术，是一种在分子水平上对生物的基因进行操作的高科技。这项技术通过将来自其他生物的基因进行体外重组后导入受体细胞，使这个基因成为受体细胞的一部分，和受体细胞原本的基因共同发挥作用，并表达出其他生物的特性。

1983年，美国科学家首次成功地将抗病毒基因转移到烟草细胞内，得到了能够抗病毒的烟草。随后数十年间，科学家们通过转基因育种技术培育出的抗虫棉、抗虫玉米、抗除草剂大豆、耐贮藏番茄等转基因作物。

相比于传统的育种方式，基因工程育种突破了物种间的生殖隔离,将病毒、细菌等微生物体内含有的基因序列导入农作物中,从而提高农作物对病虫害、干旱、化学物质的抗性,极大地提高了育种的效率,然而基因育种也存在许多问题,其中最受关注的就是其安全性,通过基因工程产生的农作物是不是能长期、安全地食用,会不会对环境和人类健康造成潜在的、长期的影响,这些都是人们关心的问题,然而目前还没有确切的答案,需要科学家们后续进行更多、更深入的研究。

除了使用种子进行种植,农业种植中还经常用到扦插和嫁接的方式来繁殖农作物。

扦插也叫作插条,是指通过剪取植物的茎、叶、根、芽等器官来培育植物的繁殖方法,中国古代的谚语"有心栽花花不开,无心插柳柳成荫",说的就是用扦插的方法来种植柳树。

扦插繁殖非常迅速,而且操作方便,产生的后代性状一致,容易管理,具有很高的规模化优势。但是反过来说,因为扦插的作物与母株的遗传基因完全相同,基本上可以看作是同一株植物,如果大量使用扦插繁殖,会导致农作物缺乏生物多样性,一旦暴发疾病,很可能会引发"全军覆没"的严重后果,我们之前提到过的"大麦克"香蕉以及南美的橡胶种植园,都是因为这个原因毁灭的。

嫁接是利用植物的愈伤能力,将一株植物的断枝或芽接在另外一株植物上,使其继续生长。其中提供断枝或芽的植物称为接穗,被嫁接的植物称为砧木。

影响嫁接成活的主要因素是接穗和砧木的亲和力,其次是嫁接的技术和嫁接后的管理。一般来说,植物的亲缘关系越近,内部组织结构越相似,则亲和力越强,嫁接成活率高。例如苹果嫁接在沙果上、梨嫁接在杜梨上、柿子嫁接在黑枣上,都具有很好的亲和力,嫁接成活率很高。

嫁接常用于果树、林木、花卉的营养繁殖,也用于瓜类蔬菜育苗,既能保持接穗品种的优良性状,又能利用砧木的有利特性,达到早结果、增强抗寒性、抗旱性、抗病虫害的目的,还可以迅速增加苗木数量。

对一些不产生种子、又不能通过扦插繁殖的果木来说,嫁接是繁殖农作物的重要手段，比如某些品种的柿子或柑橘，种子已经完全退化，只有通过嫁接才能繁殖。

随着全球人口增长、环境不断恶化、耕地面积不断减少，农业生产中对于高质量种子的需求越来越大。中国是农业大国，农业常年用种量在 125 亿公斤以上，已成为继美国之后的全球第二大种子市场，但是我国种子科技的发展起步较晚，虽然进步速度很快，但目前距离世界领先水平还有一定差距，未来还需要更多优秀的科技人才做出不懈努力。

掌握种子，就掌握了农业的未来。

15 善事先利器

俗话说,"工欲善其事,必先利其器",在开始播种之前,首先要准备好所需要的工具。

农业种植生产所需要的工具称为农具,根据用途的不同,可以分为耕作工具、播种工具、灌溉工具、收获工具等多种类型。

从远古时代的刀耕火种开始,耕作工具就已经出现了。传说中,神农为了方便人们耕种发明了耒耜,《易经》记载了神农发明耒耜的过程和目的:"斫木为耜,揉木为耒,耒耜之利,以教天下。"事实上,耒耜的历史比神农氏所处的时代更加久远,是一代代劳动人民的智慧结晶,也可以说,所有的劳动人民都是"神农"。

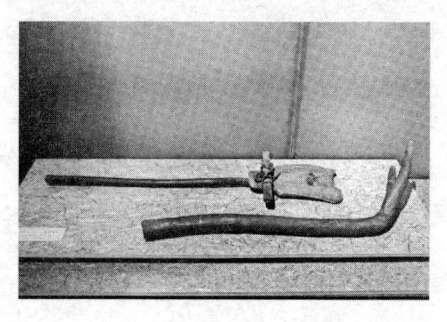

耒耜

最早的耒和耜是两种不同的工具，分别起着不同的作用。耒是一根适合握在手中的木棒，一端或两端制成尖头，用尖端在地上戳出一个坑，然后将种子放入其中，再把土盖在种子上面就完成了播种。耜是石头或者骨头打磨制成的工具，呈长方形或者椭圆形，一端带有锋利的刃口，从旧石器的石刀或者石斧演变而来，主要用于挖掘植物的根茎。

将耒和耜组合在一起，以耒作为柄，耜作为刃，就变成了耒耜。耒耜的外形与今天的铁锹相似，作用也差不多，都是用来翻土的农具。从某种意义上来说，耒耜就是包括铁锹在内所有农具的"老祖宗"，后来成为农具和农耕的代名词。《孟子》中有"陈良之徒陈相，与其弟辛，负耒耜而自宋之滕"的记载，《礼记》中也有"天子亲载耒耜，措之于参保介之御间"的说法，唐代文学家韩愈在《寄卢仝》一诗中写道："国家丁口连四海，岂无农夫亲耒耜。"

经过漫长的发展，耒耜出现了许多变种，比如今天仍然常见的锹、锨、锄、镐等工具都是由耒耜演变而来的，虽然它们在形制上略有改变，不过本质上和耒耜并没有什么区别，都是由柄和刃组成的简单工具。

作为最古老的农具，耒耜在一定程度上提高了农耕的效率，但是用耒耜耕地仍然是一件高强度的劳作，而且效率也不算高。为了提高劳动效率，减轻劳动强度，人们开始想办法对耒耜进行改进，最初是在耒耜的柄上系上一根用来牵拉的绳索，后来又将绳索用木棍代替，这种新型的农具被称为犁，拉犁的人或者牲畜与犁本体之间用于连接的结构部件称为犁辕。

犁

最初的犁采用石头作为犁铧（翻土的刃口），使用人力进行牵拉，虽然对于生产力有一定的提升，但是并没有达到质变的效果。直到青铜器、铁器以及以牛为代表的大型牲畜出现，犁才开始发挥出它的真正实力，让农耕效率得到了极大提升，使中国的农业进入了精耕细作的阶段。

汉代之前，犁的形制为直辕犁，犁辕是一个长直木棍，转弯时需要较大的空间，驾驭起来也比较困难。隋唐时期，为了便于在江南地区的狭窄水田中进行耕作，曲辕犁被发明出来，曲辕犁采用弯曲的犁辕，减少了转动时所需的空间，而且犁身可以摆动，轻巧灵便，利于深耕。在汉代之后的很多年里，曲辕犁都是神州大地耕作的主力。

上古时农耕播种都是由人力完成，用耒或者耒耜挖好坑，然后用手将种子放进去，非常费时费力。为了提高播种效率，古人们发明了许多专门用于播种的农具，其中最具有代表性的当属瓠种器和耧车。

瓠种器俗称点葫芦，是一种专门用来播种的器具，主体由葫芦做成，一根带有凹槽的木棍从葫芦中穿出，称为引播槽。播种时，操作者将需要播撒的种子灌入葫芦，一手握住瓠种器的柄将其向下倾斜，另一只手用木棍敲击引播槽前端，随着瓠种器的震动，葫芦里的种子不断进入引播槽并向下滑动，操作者只需要边敲边走，就可以让种子均匀落地，还可以通过调整敲击引播杆的频率和强度来控制下种的多少。

中国人使用瓠种器的历史非常悠久，考古研究发现，早在公元前220年左右，瓠种器已经出现在中原地区。明代徐光启所著的《农政全书》中有关于瓠种器的详细叙述及绘图。直到今天，中国山东、东北、河北等地较偏僻的农村中仍然有农民在播种时使用瓠种器。

相比瓠种器，耧车的结构要复杂得多，播种效率更是不可同日而语。

耧车也叫作耧犁或者耙耧，传说是由西汉的著名农学家赵过发明的。耧车的外形看起来和犁有些相似，由耧架、耧斗、耧腿、耧铲等结构组成，使用牛、马的畜力在前方牵引，操作者在后方控制方向，一个人就可以同时完成开沟和下种两项工作，极大地提升了播种效率。

播种之后，农作物的生长需要充足的水分，虽然所有人都祈盼着风调雨顺，但在大多数时候这都只是一个美好的愿望而已，想要让农作物获得足够的水，灌溉是不可或缺的。除了挖沟开渠之外，古人们还发明了许多用于灌溉的工具，比如桔槔、辘轳、翻车、筒车等。

桔槔也叫作吊杆或者称杆，是一种原始的汲水工具。桔槔的结构非常简单，就是架设一个支点，采用一根长木杆作为杠杆，一端悬挂重物，另一端挂上水桶，水桶在低处装满水后，借助杠杆作用将水桶提升至高处。

中国人使用桔槔可以追溯到春秋战国时期。《庄子》中有"且子独不见夫桔槔者乎？引之则俯，舍之则仰"的记述，还记载了孔子的学生子贡向其他人介绍桔槔的话："凿木为机，后重前轻，挈水若抽，数如泆汤，其名为槔。"

桔槔的结构虽然简单，却可以在取水特别是灌溉农田时有效减轻劳作强度，在中国农村一直延续了数千年。

辘轳和桔槔一样都是取水工具，不过和桔槔利用杠杆原理不同，辘轳利用的是轮轴原理，而且主要用于从井中汲取地下水。辘轳由安装在井口的井架以及可以手摇转动的轮轴组成，在轮轴缠绕绳索，将水桶系于绳索前端，摇动转轮将水桶下放到井里，装满水之后再反方向摇动转轮将水桶拉回井口。

辘轳

明代罗欣所著的《物原》中记载:"史佚始作辘轳。"传说史佚是周朝初期的一名史官,也是发明辘轳的人,不过根据考古研究,辘轳出现的时间可能要更早。春秋时期,辘轳已经在中国北方普遍使用,直到近现代,辘轳仍然在中国北方的农村中广泛使用。近些年,农村里的辘轳基本上已经不作为取水用具,而成为代表中国乡村传统文化的重要人文景点。

翻车也叫作龙骨水车,是世界上出现最早、流传最久的农用水车,用于从低处取水灌溉高处的田地。传说翻车是由东汉汉灵帝时期"十常侍"之一的毕岚主持发明的,并由三国时期曹魏的发明家马钧进行了改进。

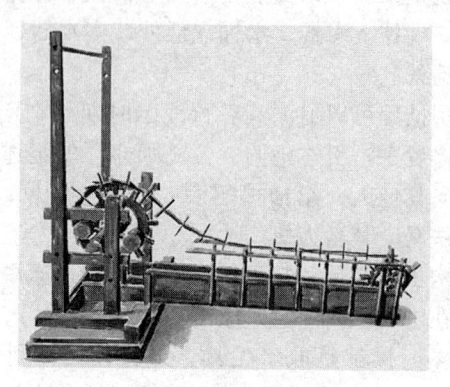

翻车

翻车可以采用人力的手摇、脚踏作为动力,也可以采用畜力、水力或风力作为动力,用木片做成的龙骨叶板组成链轮,放置在矩形的长槽中,斜置于河边或池塘边下端,没入水中,随着链轮转动,叶板带水沿槽上升,到长槽上端将水送出,如此循环,就可以连续不断地把水输送到高处,大大提高了运水的效率。翻车除了可以用于灌溉,还可以用于排涝。

筒车也叫作天车、水轮,按照制作材质的不同可以分为竹筒车和木筒车。筒车的主体是一个硕大的水轮,直立放置于水中,以水流为动力推动水轮转动,水轮周围装有许多木筒或者竹筒,随着水轮转动,木筒在水中舀满水,然后转到高处倾倒在水槽中,如此循环往复,就可以不停地自动将水运到高处,不用花费半点力气。

筒车

筒车最早出现于隋唐年间，宋代之后逐渐普及。南宋文人张孝祥对其大加赞赏，专门为其写了《竹车》一诗："象龙唤不应，竹龙起行雨。联绵十车辐，伊轧百舟橹。转此大法轮，救汝旱岁苦。横江锁巨石，溅瀑叠城鼓。神机日夜运，甘泽高下普。老农用不知，瞬息了千亩。抱孙带黄犊，但看翠浪舞。余波及井臼，春玉饮酡乳。江吴夸七蹋，足茧腰背偻。此乐殊未知，吾归当教汝。"

到了收获时节，想要把农田里的庄稼变成满仓的粮食，少不了用到收获工具。按照用途不同，收获工具可以分为收割、脱粒和清选三类。

收割工具包括用来收割穗子的掐刀和收割茎秆的镰刀，主要用来收割小麦、稻谷之类的谷类作物。

脱粒工具主要用来将谷物脱壳，一般使用石碾，也叫作碌碡，主体是一个沉重的圆柱形石柱，中间略粗，两端略细，中轴钻孔插入横梁打制成木框，由人或者牲畜拖拽在平地上或者碾盘中使用，对谷物反复碾压以达到脱壳的目的。

清选工具包括簸箕和木铲锨，将混合着谷粒和外壳的谷物扬起到空中，在风力作用下，利用被风吹动距离的不同将两者分开，有时候还会与风扇车配合使用。

在过去的数千年间，农具一直在不断发展，但人力仍然是农业种植过程中不可或缺的主要动力，农民"面朝黄土背朝天"的境况始终没有改变。

直到近些年，在5G、人工智能等先进科学技术的推动下，联合播种机、联合收割机、无人机等各种先进的农业机械越来越多地出现在农村的田间地头，迅速改变着整个农业生态。相信在不久的将来，中国的农业、农村将以一个全新的面貌呈现在世人面前。

16 良田何处寻

◇ ....

　　植物的生长离不开光照、温度、水分和泥土中的营养物质。在古代科学技术不够发达的时候，光照和温度仅仅取决于农时，人力基本上无法干预，水分可以通过灌溉来满足，但是达到满足农作物生长的程度后就无法再提高产量，过多的水分反而会导致农作物死亡。
　　在很久之前人们就把含有营养物质比较多的土地形容为肥沃，而含有营养物质较少的土地则被形容为贫瘠。在不同的土地上种植同样的作物，收获的农作物无论在品质还是数量上都有很大的差别。

黑土地

在世界范围内,最适合耕种的土地毫无疑问是黑土地。

顾名思义,黑土地就是由黑土覆盖的田地,这种黑色是由土壤内丰富的腐殖质呈现出来的。黑土地富含腐殖质,能够为农作物生长提供足够的营养物质,是世界最肥沃的可耕作土地,非常适合种植农作物,是大自然给予人类的宝藏。目前世界上仅有三大黑土区,分别是乌克兰的乌克兰平原、美国的密西西比平原、中国的东北平原。

黑土的形成条件非常苛刻,仅能形成于四季分明且温差较大的温带地区,还需要排水不畅,并在冬季会形成季节性冻土。在温暖多雨、阳光充足的夏季,植物快速生长,当秋冬到来时,植物凋零,留下大量枯枝落叶堆积在地面上,随后漫长寒冷的冬季抑制了昆虫和微生物的活动,地面存有的滞水冻结形成冻土,枯枝落叶无法腐烂分解。开春时,冻土融化,微生物重新开始活动,但由于地面排水不畅,冻土融化后的水不能被及时排掉,过大的湿度让枯枝落叶分解十分缓慢,直到新的冬季到来也无法分解完成。随着一年年时间的推移,这些没有完全分解的枯枝败叶堆积在一起,形成了厚厚的腐殖质层,这就是黑土地。

黑土地的形成过程非常漫长,往往需要数百年的时间才能形成一厘米左右的腐殖质层,三大黑土区的黑土层平均厚度在一米左右,需要经历数万年的腐殖质的积累才能形成。

中国东北的黑土区总面积约为103万平方公里,其中典型黑土区面积约17万平方公里,呈弯月状分布于黑龙江、吉林两省,是中国最肥沃的土地,也是中国重要的商品粮基地,被誉为中国的"北大仓"。

虽然土质肥沃,黑土地却十分脆弱,三大黑土区都面临着严重的水土流失问题。在近百年的开发种植过程中,中国东北黑土区的水土流失问题日益严重,生态环境日趋恶化,原本较厚的黑土层现在只剩下20至30厘米,有的地方甚至已露出底层的黄土。现在,东北典型黑土区的水土流失面积有4.47万平方公里,超过典型黑土区总面积的四分之一。按照这个趋势,只需要不到50年,黑土区现有耕地的黑土层将全部流失。

为了保护中国"北大仓"的黑土地，国家制定了一系列政策和法律法规，深入推进国家黑土地保护工程，目前已经实施保护性耕作超过8000万亩。

除了黑土地之外，其他耕地中蕴含的腐殖质等营养物质较少，更需要小心呵护。

中国古代很早就发现种植农作物会对土地的肥力产生影响，并一直在寻找解决的办法。

刀耕火种

在新石器时代，人们采用刀耕火种的方式，在一个地方放火烧荒，然后开始耕种，当这片土地的肥力耗尽，人们就举族迁徙到其他地方重新开垦农田。这种耕作制被称为抛荒制或游耕制。虽然能够满足人们对于粮食的需求，但是土地利用率很低，还会对森林等生态系统造成很大的破坏，引起水土流失等一系列生态环境问题，不过由于当时地广人稀，所以对人类自身的影响并不大。

到了商周时期，人们开始在一个区域内定居，抛荒制已经没法满足农作物种植的需求，与此同时，人们对于农业种植有了更多的了解，根据总结出来的经验，开始对农田实行休耕。《尔雅·释地》中记载了周朝关于田地休耕的规定："田一岁曰菑，二岁曰新，三岁曰畲。""菑"就是指休耕的土地，"新"则是休耕后第一年耕种的土地，"畲"是第二年耕种的土地。

随着农业生产技术的进步，人们根据土地肥力的不同，将其分为"不易""一易""再易"三等。"易"就是轮换的意思，"不易"也就是这片土地肥力足够，不需要休耕，"一易"的土地肥力较差，需要种一年休耕一年，"再易"的土地肥力很差，种植一年之后需要休耕多年才能恢复。

抛荒和休耕都是相对粗放的耕作方式，地力的恢复依赖于自然条件，不但周期较长，效果也较差。

到了秦汉时期，随着农业种植技术的不断进步，施肥、水利等技术出现并迅速发展，与此同时人口的膨胀让粮食需求急剧增加，为了满足日益增长的粮食需求，农田不得不连续种植，称为"连作制"。连作制的出现反过来推动了农业技术的发展，农业生产方式开始从粗放型向精细型转变。

连作制每年都在同一片土地上种植相同的农作物，这些农作物不断从土壤中吸收特定种类的养分，时间长了就会造成土壤养分不均衡，还容易引起病虫害蔓延，最终导致作物减产。为了避免这种问题的出现，人们经过长时间的探索，发明了名为"轮作复种制"的耕地利用方式。

轮作复种制是指在同一块耕地上，有顺序地在季节间或年际间轮换种植不同的作物或复种组合的种植方式，可以分为在年际间进行的单一作物的轮作和在一年多熟条件下进行的复种轮作。中国古代的轮作一般有三种类型的组合，分别是豆类与和谷类作物轮作、粮食作物与绿肥作物轮作、水旱轮作。《齐民要术》中提道："谷田必须岁易"，又有"良田，小豆底佳，黍底次之"的说法，说的就是豆类与谷类作物轮作的方法。复种制在中国南方较为普遍，唐代云南地区已经出现了一年稻麦两熟的种植方式，南宋时期这种耕作方式推广到整个南方，极大地提高了江南地区土地的生产能力。到了明清时期，中国南方甚至出现了麦、稻、稻一年三熟的种植方式。

新中国成立后，中国共产党带领全国人民进行农业技术改革创新，推广新型的轮作复种技术，实现了农作物播种面积增加，提高了农作物的产量，促进了农村经济的发展。

近年来，随着农业技术的进一步发展，农作物种植开始摆脱土地的束缚，出现了水培、气培的新型种植模式。

水培也叫作营养液培，是将植物的根系直接浸润在含有多种营养素的营养液中，由营养液替代土壤向植物提供水分、养分、氧气等生长因子，使植物能够正常生长。采用水培法种植农作物，可以通过调整营养液的成分让农作物获得均衡的营养，而且营养液可以循环使用，不会对环境造成影响。

水培

气培是水培的一个分支，也叫作雾培或者喷雾栽培，是用喷雾装置将营养液雾化为小雾滴状，直接喷射到农作物的根部，为其提供生长所需的水分和养分。气培技术以人工创造的农作物根系环境取代了土壤环境，可有效解决传统土壤栽培中难以解决的水分、空气、养分供应的矛盾，使农作物根系处于最适宜生长的环境条件下，从而发挥出最大的生长潜力。同时气培种植也可以通过应用自动化控制、立体栽培等先进技术，有效提高温室空间的利用率。

值得注意的是，无论是水培还是气培技术，目前都有很大的局限性，并不是所有农作物都适合采用水培或者气培的形式，现在主要用于培育叶类蔬菜。不过未来随着农业科技的进步，也许有一天，水培、气培将会成为农业种植的主要手段。

毕竟，我们的征途是星辰大海。

17 何得粮满仓

我们都知道,养分丰富的肥沃土地容易收获更多的粮食,那有什么办法能让贫瘠的土地变得肥沃呢?答案就是施肥。俗话说"庄稼一枝花,全靠肥当家",肥料在种植农作物的过程中起到了十分重要的作用。

在古希腊神话中,为了能在一天之内把伊利斯国王奥吉阿斯养有300头牛的牛棚打扫干净,大力神海格力斯把艾尔菲厄斯河改道,用河水冲走了牛粪,这些被冲走的牛粪沉积在附近的土地上,使种植在那里的农作物获得了丰收。从这个神话中可以知道,当时的希腊人已经意识到动物粪便对农作物增产的作用。古希腊人还发现生长在旧战场上的农作物特别茂盛,从而认识到人和动物的尸体是很有效的肥料。

中国同样很早就开始使用肥料用来增加"地力",战国思想家荀况在《荀子·富国篇》中就有"民富则田肥以易,田肥以易则出实百倍""掩田地表,刺草殖谷,多粪肥田"的记载,可见当时肥料已经被广泛使用。

中国古代使用的肥料种类很多,主要有人类排泄物、厩肥、绿肥、泥肥、堆肥等,在大多数情况下会混合使用。这些用有机物发酵而成的肥料被称为农家肥,也叫作有机肥。

对于古代的农民来说，人类的排泄物是十分重要的肥料来源，有人专门从城市中收集排泄物运往农村出售，农村的人会在自家的田边搭建简易的厕所，用来收集来往行人的排泄物作为肥料。在《笑林广记》中有一则名为"因小失大"的笑话，说的就是这件事："自造方便觅利者，遥见一人撩衣，知必小解。恐其往所对邻厕，乃伪为出恭，而先踞其上。小解者果赴己厕。其人不觉，偶撒一屁，带下粪来，乃大悔恨，曰：'何苦因小失大。'"可见当时的人对于排泄物还是很看重的。

厩肥指的是饲养牲畜时产生的肥料。农户一般都会在家中饲养鸡、鸭、猪等家禽家畜，有些较为富裕的农家还会饲养牛、驴、骡、马之类的大型牲畜，饲养过程中牲畜会产生大量的排泄物，为了保证饲养场所的清洁必须经常清扫，清扫出来的排泄物和饲养场所中的褥草、饲料残屑等混合在一起，再经过堆沤就成了厩肥。

绿肥是指用绿色植物制成的肥料。豆类作物本身就是一种绿肥，因为其根部有固氮根瘤菌，能够将空气中的氮气转化成肥料，所以种植豆类作物能够起到增加土壤肥力的效果。将野生或者种植出来的绿色植物的茎叶留在田中进行腐化分解，也是一种常用的绿肥，有时候还会在田地中种植专门的绿肥作物，将其粉碎留在田中，不仅能够增加土地肥力，还能起到改良土壤的作用。现在农业收获时提倡秸秆还田，也可以起到绿肥的作用。

泥肥指的是从江河、水塘、水沟等水体中挖掘出来的淤泥，其中含有丰富的有机物，经过堆腐可以作为肥料使用。

堆肥是利用农作物秸秆、杂草、树叶、泥炭、有机生活垃圾、餐厨垃圾、污泥、人畜粪尿、酒糟、动物尸体等各种有机废物为原料，经堆制腐解而成的有机肥料。所以堆肥也是一种制作肥料的方式，或者说所有的农家肥都可以算作堆肥。

农家肥来源广、数量大，便于就地取材，就地使用，成本也比较低，而且其中含有的营养物质比较全面，不仅有农作物生长必需的氮、磷、钾等营养素，还含有钙、镁、硫、铁等微量元素。农家肥中的养分释放比较缓慢，肥效长而稳定，还有利于促进土壤团粒结构的形成，使土壤疏松，从而增加保水、保温、透气、保肥的能力，但要充分发挥绿肥的增产作用，必须做到合理施用。

农家肥虽然富含多种营养，但所有营养素的含量都不高，再加上释放缓慢，很难满足现代农业生产的需要，为了给农作物提供更多的营养素，人们通过化学方式制作出了更高效的肥料，也就是所谓的化肥。

1828年，德国化学家维勒首次用人工方法合成了尿素，这在当时是一个突破性的事件。在这之前流行的"活力论"观点认为，尿素等有机物中含有某种生命力，是不可能人工合成的，尿素的人工合成打破了无机物与有机物之间的绝对界限。不过当时人们尚未认识到尿素作为肥料的功能，直到50多年后，合成尿素才作为化肥投放市场。

1838年，英国人劳斯用硫酸和磷矿石反应，制成了无机磷肥，这是世界上第一种应用于农业种植的化学肥料。随后各种氮肥、钾肥陆续被发明出来。

化肥

早期的化肥一般只含有单一的植物营养元素，比如含有氮元素的尿素、硝酸铵、碳酸氢铵等氮肥，含有磷元素的过磷酸钙、重过磷酸钙等磷肥，含有钾元素的氯化钾、硫酸钾等钾肥，只能满足植物某一方面的需求。后来随着人们对于农业种植认识的深入，以及化工技术的发展，开始出现磷酸铵、磷酸氢铵等含有多种营养元素的化肥，称为复合肥。

由于历史原因，中国对于化肥的应用起步较晚。1901年，中国台湾地区从日本引入"肥田粉"（硫酸铵）用于给甘蔗田施肥，这是中国最早应用化肥的记录。民国建立之后，政府意识到化肥在粮食增产方面的重要作用，开始鼓励在农业生产中使用化肥，不过由于当时中国的工业基础薄弱，而且缺乏生产化肥的原材料，所以使用的化肥都是来自进口。直到1935年，大连和南京才先后建成了两座生产硫酸铵的化肥工厂，生产出来的化肥数量有限，主要提供给沿海各省使用。

新中国成立后，中国的化肥发展和应用进入了快车道，在第一个、第二个五年计划期间，全国各地建立了多家化肥工厂，1965年的氮肥产量已经达到了103.7万吨，到了1983年，全国氮肥产量超过1100万吨。经过多年的发展，中国化肥产业已经领先世界，为农业发展提供了坚实的基础。

化肥的肥力强、见效快，可以明显提升农作物的产量，但是缺点也很明显，首先是营养成分比较单一，有时为了满足农作物的需求需要同时使用多种肥料，而且化肥容易因挥发、淋溶等问题出现损失，营养元素的利用率不高，化肥还具有较强的酸、碱、盐性，使用过量会对土壤造成不可逆的伤害。所以使用化肥的时候必须适量，还要根据农作物种类不同以及土壤情况及时进行调整。

有机肥和化肥都是施用于土壤的肥料，主要由农作物的根部吸收，近年来随着农业技术的发展，大棚技术开始广泛应用，出现了将二氧化碳作为"气体肥料"的技术。

二氧化碳是植物的光合作用的重要原料，并在阳光的作用下转化为碳水化合物，提高二氧化碳的供给，在一定程度上可以让植物的光合作用进行得更高效。

正常情况下，农作物可以从大气中获得光合作用所需的二氧化碳，但温室或大棚这样的种植场地空间相对封闭，与外界的气体交换较少，当农作物的光合作用强度较高时，大量的二氧化碳被消耗，内部二氧化碳浓度降低，无法满足农作物光合作用的需要，从而导致农作生长缓慢甚至减产，因此二氧化碳浓度成为制约温室及大棚农作物产量的重要限制条件。

经过实验，科学家们发现将二氧化碳作为气体肥料输入温室或大棚，可以极大地提高农作物光合作用的效率，达到增产增收的目的。

人们经常用"风调雨顺,五谷丰登"作为对来年的美好祝福,可见"风雨"对于农业生产的巨大影响,只有温度、降水适宜,种植的农作物才能获得丰收。

然而所谓"风调雨顺"往往只是人们美好的愿望,真正的大自然变幻莫测、喜怒无常,旱灾、洪水都是常见的自然灾害。

世界上很多民族都有关于"大洪水"的传说。《圣经》中提到上帝为了惩罚世人而降下洪水,大雨伴随着风暴下了40个白天和40个黑夜;古巴比伦的《季尔加米士史诗》由大洪水中的幸存者口述而成,其中记载洪水伴随着风暴,几乎在一夜之间淹没了大陆上所有的高山,只有居住在山上和逃到山上的人才得以生存;中国古代也有许多关于大洪水的传说,《山海经》中有"洪水滔天"的说法,在"共工怒触不周山"的传说中,水神共工撞断了支撑天地的不周山导致天裂,引发了几乎淹没神州大地的大洪水,后面才有了"女娲补天"的故事。在印度、美洲等地的神话传说中,也有关于大洪水的记载。

面对洪水,西方人选择了制造"诺亚方舟"在洪水中飘荡,巴比伦人躲到山上避难,而中国人却选择了迎难而上。

诺亚方舟

《山海经》中记载:"洪水滔天,鲧窃帝之息壤以堙洪水,不待帝命。帝令祝融杀鲧于羽郊。鲧复生禹,帝乃命禹卒布土以定九州岛。禹娶涂山氏女,不以私害公,自辛至甲四日,复往治水。禹治洪水,通轘辕山,化为熊。"这就是"大禹治水"的传说,在中国可谓是家喻户晓。鲧、禹父子带领人们对抗洪水,并且最终取得了胜利,代表了中国人与洪水斗、与天争的大无畏英雄气概和乐观的精神。

大禹治水雕像

为了减少洪水造成的危害,同时给农作物提供足够的灌溉水源,中国人很早就开始在江河上兴建水利工程,其中最具有代表性的当属都江堰和郑国渠。

都江堰位于现在成都市附近,战国时期秦昭王在位期间,为了治理岷江的水患,同时在归附不久的蜀地推广农耕技术、增加粮食产量,秦昭王命令蜀地太守李冰修建了都江堰,随后历朝历代都对其进行维护和修建。现在的都江堰是由渠首枢纽、灌区各级引水渠道,以及各类工程建筑物和大中小型水库和塘堰等所构成的庞大系统,包括鱼嘴、飞沙堰和宝瓶口三个主要组成部分。都江堰建成之后,不但有效地控制了岷江的洪水,还为附近的大片农田提供了灌溉水源,可以说,秦后蜀地能够称为物产丰饶的"天府之国",都江堰居功至伟。

相比于都江堰,郑国渠的来历更加传奇。根据《汉书·沟洫志》中记载,战国时期七雄争霸,秦国实力最强,对东方的韩国虎视眈眈。公元前246年,韩桓王为了削弱秦国的国力,想出了一个"疲秦"的奇策,密令韩国著名的水利工程师郑国前往秦国,游说秦王在泾水和洛水之间开凿一条大型灌溉渠道,可以增加良田万亩。此时秦王嬴政正打算大力兴修水利,很快就采纳了郑国的建议,调配大量人力物力开始修建这条长度超过三百余里的水渠。修建过程中，韩国的奇策败露，嬴政大怒要杀郑国，郑国辩解道："始臣为间，然渠成亦秦之利也。臣为韩延数岁之命，而为秦建万世之功。"嬴政觉得郑国说得有理，就让他继续修建郑国渠。经过十几年的建设，郑国渠顺利完工，从此让秦国多了四万余顷良田，因此国力大增，为横扫六国奠定了基础。

自秦朝开凿之后，之后的各个王朝都对郑国渠进行了维护和建设，直到今天仍然为当地农田提供灌溉用水，而且水渠两岸留有大量的碑刻文献，堪称蕴藏丰富的中国水利断代史博物馆，目前已经被列为国家级文物保护单位。

新中国成立后，随着综合国力的不断提升，中国开启了"基建狂魔"模式，先后完成了包括葛洲坝、三峡、白鹤滩等举世瞩目的大型水利工程，各种中小型水利工程更是数不胜数。现在的水利工程早已不仅限于为农业提供灌溉水源，而是具备防洪、抗旱、航运、发电等多种功能的综合体系，显示了当代中国强大的技术实力和建设能力。

除了引水灌溉之外，现代科技的发展让人们能够对天气在一定程度上进行影响，这种技术就是人工降雨。

人工降雨也叫人工增雨，依据的是自然界降水形成的原理，通过人为补充某些形成降水的必要条件，根据不同云层的物理特性，选择合适时机，用飞机、火箭向云中播撒干冰、碘化银、盐粉等催化剂，促进云团中的水汽凝结、增大成雨滴降落到地面，从而达到调节降水的目的。通过人工降雨，可以在一定程度上增加某地的降水量，起到缓解农田干旱、增加水库库容、提升水电发电量等效果。

不过目前人工增雨技术的局限性仍然比较大，对于增雨条件的要求比较苛刻，增雨效果存在很大的不确定性，而且使用起来花费不菲，所以还有很大的研究、提升空间。

就算是风调雨顺、营养充足，农作物的成长过程中仍然会遭遇许多艰难险阻，害虫、疾病、杂草等都会给农作物、农田造成严重的影响，自从人类开始种植农作物，就一直在与这些"祸害"进行着艰苦卓绝的斗争。

害虫是对人类有害的虫子，其中会对农作物产生危害的害虫称为"农业害虫"，比如蝗虫、蚜虫等都是常见的农业害虫。

蝗虫也叫作"蚂蚱"，是一种直翅目的昆虫，广泛分布于全世界的热带、温带的草地和沙漠地区，中国境内分布最广、危害最严重的是东亚飞蝗。神州大地的先民们很早就认识到了蝗虫对于农作物的危害，《诗经·尔雅》中记载："食苗心螟，食叶螣，食节贼，食根蟊。"其中的"螣"指的就是蝗虫。

蝗虫

蝗虫的食性很杂，最喜欢吃的是禾本科和莎草科植物的叶片，所以小麦、玉米、高粱、水稻、粟、甘蔗等农作物都在它们的食谱上，同时食量也很大，一只成年蝗虫每天都要吃掉和自身体重相当的食物。当蝗虫大规模爆发时，缺少食物的蝗虫可谓"饥不择食"，所过之处寸草不生，所有绿色植物的茎叶都会被饥饿的蝗虫群吞噬殆尽。根据计算若按 1 平方公里四千万只蝗虫来算，每平方公里蝗群仅 1 天就能吃掉 3.5 万人的口粮，可见其对农作物的破坏性和毁灭性有多大。

蝗虫具有极强的繁殖能力和环境适应性极强，一只雌性蝗虫可产 300 颗虫卵，成长期仅需要两个月，如果环境条件适宜，蝗虫每年能繁衍 3 至 5 代，几只蝗虫就能繁衍出"百万大军"。

中国古代饱受蝗灾之苦，仅见于文献的大规模蝗灾，在历朝历代就有超过 800 次，其中现今河北、河南、山东地区发生的蝗虫灾害最为频繁。在很多时候，迷信的人甚至将蝗虫当作"神"来祭拜，献上祭品祈求"蝗神"早日离开，不过当然不会起到任何作用。

为了杀灭、驱赶蝗虫，古人想了许多办法。在明代农学家徐光启所著的《农政全书》中，《除蝗疏》一篇占据了相当的篇幅，在其中分析了蝗灾发生的时间、地点等条件，提出了挖掘蝗卵、收买蝗虫、开沟埋蝗等一系列控制、消灭蝗虫的方法，其中很多方法到了现代仍然很有借鉴的意义。

到了近代，随着农业技术的发展，对蝗灾的预测、防范成为可能，人们通过改造治理蝗虫繁殖环境，从根本上控制蝗虫虫群的生成，并在必要时使用农药进行灭杀，从而达到降低蝗虫危害的目的。

生物灭蝗是控制、消灭蝗虫虫群的重要手段，近些年来，中国一直在尝试借助鸡鸭、粉红椋鸟等天敌来与蝗虫"作战"，取得了很好的效果。

相比于遮天蔽日的蝗虫"大军"，蚜虫的存在感并没有那么强，往往直到田里的农作物开始枯萎之后，人们才发现叶片背面和嫩茎上不知何时已经覆盖了一层密密麻麻的蚜虫。

蚜虫也叫作蜜虫、腻虫，是一个庞大的植食性昆虫种类，根据统计，世界上已经发现的蚜虫超过4700种，广泛分布在世界各地。

蚜虫

与蝗虫相比，蚜虫的个头非常小，大多数蚜虫成虫的体型都在两毫米左右。虽然看起来不起眼，蚜虫却是世界上最具破坏性的农业害虫之一。它们之所以有这种"威力"，是因为它们的繁殖速度非常快，是世界上繁殖最快的昆虫——没有之一。

蚜虫可以进行有性生殖，也可以进行无性生殖，在食物丰富的春季和夏季孵化出的蚜虫基本上都是雌性,而这些雌性蚜虫不需要交配,几天之后就可以继续繁衍下一代,这种被生物学家称为"孤雌繁殖"的繁殖方式可以一直持续到夏季结束,一只雌性蚜虫可以繁衍出天文数字的后代。有生物学家做过实验,一只雌性甘蓝蚜在春夏两季一共可以繁衍 41 代,如果产生的后代全部成活,数量总计约为 150000000000000000000000000 只,一共 26 个零,不用数了。

单只蚜虫十分弱小,但是强大的繁殖能力让它们成为许多农作物的噩梦,基本上所有的粮食、蔬菜作物和果树都会受到蚜虫的侵害。除了吸食植物汁液,导致植物枯萎之外,蚜虫还会传播各种植物病毒,进一步加剧其对植物的危害。

蚜虫的天敌很多,包括多种瓢虫、草蛉、食蚜蝇和寄生蜂在内的昆虫都以蚜虫为食,它们的存在能够极大地抑制蚜虫繁殖的速度。

除了害虫之外,疾病也是农作物在生长过程中面临的重大威胁。

农作物的疾病和人类疾病类似,都可以分为内因和外因两类,内因性疾病一般是由于缺乏某种元素引起的,可以采用补充营养物质来治疗,外因性疾病大多是由病毒、细菌、线虫等微生物引起的传染性疾病,可以通过将患病植株焚烧处理来阻止疾病的蔓延,也可以使用杀菌剂等药物进行治疗。除了防病治病,培育抗病害的农作物新品种也是非常有效的预防方法。

农田中的杂草会与农作物争夺养分和生存空间,降低农作物的产量和品质,所以自古以来一直是农民的大敌,古时农民一般采用"锄草"的方式来杀死农田中的杂草,《悯农》一诗中的"锄禾日当午,汗滴禾下土"描述的就是农民在正午的稻田中锄草的场景。

为了对抗病虫害,人们尝试了许多办法。早在公元前 1000 多年的时候,古希腊的人们已经开始尝试用熏蒸硫黄的方式杀死、驱赶害虫。商周时期的中国人也已经发现莽草、牧鞠等植物具有驱虫的效果。中国古代还使用石灰、雄黄、砒霜、丹砂等来灭杀害虫,《本草纲目》《天工开物》中都有相关的记载。

17世纪之后,人们陆续发现烟草、松脂、除虫菊、鱼藤等植物具有杀虫、驱虫的效果,开始将这些植物做成杀虫剂使用。最早报道的杀虫剂出现在法国,采用烟草和石灰粉制作而成。早期生产的农药主要是以天然植物或矿物为原料,经过简单加工而制造出来的被称为"第一代农药"。

随着化学技术的发展,人们合成出多种具有高度生物活性的有机化合物,使农药的发展进入了一个新的阶段,出现了"第二代农药"。第二代农药以"DDT""六六六"等为代表,特点是应用范围广、见效快、使用方便,对病、虫、草等有害生物都有灭杀作用,为农业的高产、稳产起到了重要的作用。

第二代农药的化学性质相对稳定,很容易产生毒性残留,长期使用会对环境造成严重污染,而且这些农药虽然对害虫的杀伤力极强,但同时也会杀死害虫的天敌。频繁使用此类农药,不但会让害虫产生抗药性,而且因为天敌数量的减少甚至灭绝,反而会导致害虫的大规模泛滥。由于这些明显的缺点,从20个世纪六七十年代开始被世界各国禁用或严格限制,逐渐被低毒、高效的第三代农药取代。

第三代农药仍然是有机化合物,但是在化学构成上比第二代农药复杂得多,采用了异构体拆分、差向异构、立体选择合成等新技术,提高了对于特定目标的效果,所以也被称为"超高效"农药。此类农药对于目标害虫、病菌、杂草具有较高的毒性,虽然对于其他生物的毒性较低,但是仍然会造成一定的伤害,而且也会造成一定程度的污染。

随着人们对自然的认识、理解更加深入,农药的研发开始向着"非杀伤性"的方向发展。非杀伤性农药是采用人工合成方式来模仿、制造的天然活性物质,通过对有害生物的生长、繁殖过程进行一定程度的干预将其危害限定在可接受的范围内,而不是直接将其杀死。人工合成的昆虫激素、性信息素、拒食剂、抑制剂,以及经过转基因改造的抗虫植物,都属于"非杀生性"农药的范畴。

非杀伤性农药对于环境的影响较低,对于非目标生物基本上不会产生任何危害,而且只需要少量使用就可以达到预期效果,既能够有效地防治农作物病、虫、草等灾害,又可以极大地降低对环境的影响,是未来农药的发展方向。

  除了使用农药对病虫害进行控制之外,人们越来越重视生物天敌在对抗害虫的过程中起到的作用。除了重视对害虫天敌的保护,还开始对这些天敌进行人工饲养和释放,从而达到控制害虫危害的目的,这种消灭害虫的方式称为生物防控,同样是未来农业种植的重要发展方向。

18 前路在何方

人类自诞生开始，就从未停止过与大自然的抗争，在建立起光辉灿烂的人类文明的同时，也给大自然造成了日益严重的伤害。

跟很多人脑子里对亲近自然的固有印象不同，农业对于自然环境的影响其实非常大，可以说是毁灭性的。

农业诞生之初，先民们就开始采用刀耕火种的方式进行农业种植，大片的森林被摧毁化为农田。随着世界人口的不断增加，对于粮食的需求更加迫切，而很多农田却被盖上了房子、开发成了都市，于是人类不得不继续寻找更多的农田。无数的森林、湿地、草原都被拓荒、开垦，而森林、湿地、草原的消失引起了生态系统的破坏，导致一系列连锁反应：水土流失、土地荒漠化、洪涝、旱灾……

干涸的土地

为了最大限度地增加产量，化肥已经成为现代农业种植中不可或缺的重要物资。随着施用量的增加，化肥对土壤、农产品、水体及大气造成的污染问题也日益严峻。

过量使用化肥会带来土壤结构变差、孔隙减少的问题，同时会导致土壤中的养分出现不平衡，引发土壤中微生物生态紊乱，残留的化肥还会污染土壤和农作物。目前所知的大部分耕地退化问题，都是由于过量使用化肥引起的。

过量使用化肥会显著降低农产品的品质，比如过量施用氮肥会降低农作物的抗逆能力，使其更易感染病虫害和遭受冻害。过量施用磷肥还会对蔬菜、水果中的有机酸、维生素C等成分的含量以及果实的大小、着色、形状、香味等带来一系列影响。现在经常听到有人说如今的蔬菜、水果不如小时候"有味道"，这其实并不是错觉，而是由于化肥滥用导致水果蔬菜的口味发生了改变。

滥用的化肥会随着雨水进入河沟、地下水等自然水体，导致富营养化、硝酸盐超标等污染的发生。由于化肥污染情况不断加剧，我国北方很多地区的地下水已经变得不再适合饮用。

农田中没有消耗的氮肥会在自然条件下被还原成二氧化氮释放到大气中，这是一种温室气体，对于地球环境变暖具有推动作用。

农药和化肥一样也是重要的污染来源。一方面，农药会附着在农作物上或者渗入农作物体内，使得收获的粮食、水果、蔬菜受到污染，给消费者带来健康威胁和安全隐患；另一方面，农药还会进入土壤、空气、水系，不但会对自然环境造成严重破坏，还会通过食物链层层富集，最终进入人体，对人类健康造成持久的伤害。

为了给农作物提供足够的灌溉水源，人类不得不修建许多水利设施，这些水利设施就会改变当地的自然、水文条件，一旦处理不当，就可能带来严重的生态破坏，引起野生鱼类、动物的大量死亡，甚至可能引起物种灭绝事件的发生。

一方面是"民以食为天"的千钧重担，另一方面是对大自然的压榨和破坏，未来农业的路在何方？这是一个艰难却又不得不回答的问题。

发展具有中国特色的生态农业，在保护环境的同时满足人们日益增长的需要，这是中国人民给未来的答案。

未来农业

依据生态学、系统学和经济学原理，运用现代科学技术和现代化的管理手段，在传统农业的基础上发展起来能够同时获得较高的经济效益、生态效益和社会效益的现代化高效农业模式，就是中国生态农业。

中国生态农业与西方强调完全回归自然、摒弃现代投入的生态农业完全不同。中国生态农业强调的是继承中国传统农业的精华，规避常规现代农业的弊病，运用科学规律指导农业和农业生态系统结构的调整与优化，达到农业与自然和谐相处的目的。

未来农业

中国生态农业是一个复杂的农业体系，不但要求把粮食种植与经济作物生产结合起来，还要求将农业种植与林、牧、副、渔等其他行业结合起来。将农业与工业、服务业进行结合，充分利用传统农业精华和现代科技成果，通过人工设计生态工程，以"整体、协调、循环、再生"为原则,协调发展与环境之间、资源利用与保护之间的矛盾,全面规划、调整和优化农业结构,形成生态与经济的良性循环,最终达到经济、生态、社会三大效益的统一。

目前中国已经完成了工业化,能够生产各种先进的农业机械,而且在各个领域都具备了相当水平的科研实力,5G、人工智能等先进技术已经实现了广泛应用,这些都是中国生态农业未来发展的牢固基石。

在中国共产党的领导下,中国一直坚持农业、农村优先发展的战略方针。中国除了在基建、民生等领域持续发力之外,还实施了乡村人才振兴、农业融合发展、城乡融合发展等措施,将更多资源向农业、农村倾斜。

未来农业

经过不断改革和建设,如今的中国农业已经开始逐步走向现代化、机械化,同时开始朝着多元化、服务化转型,迎来了新一轮的产业革命。在保护环境的同时,引领乡村产业升级到高质量发展阶段,向着全面建成社会主义现代化强国的伟大目标不断迈进。